한 권으로 끝내는 초등 교과 토론

일러두기

- 이 책에 실린 일부 이미지는 ChatGPT-4 버전의 DALL·E 3로 생성한 이미지입니다.
- 어휘 풀이는 표준국어대사전을 기본으로 활용했으며, 설명 안에 어려운 개념이 포함된 경우 이해를
  돕기 위해 그 뜻을 좀 더 쉽게 풀어 썼음을 밝힙니다.

한 권으로 끝내는

초등
교과
토론

박진영 지음

사회 경제, 문화, 법, 지속가능

과학 생명, 과학윤리, 생물, 우주

실과 디지털, 의식주, 생활자원

국어 듣기·말하기, 읽기, 매체

도덕 공동체, 다양성, 자주적인 삶

한울림

교과 토론, 더는 선택이 아닙니다

일단 고백으로 시작합니다. 교과서에 대한 오해와 편견이 있었다는 것을. 아니 더 정확하게는 초등학교 1학년 1학기를 마친 후 독일에서 3년간 초등학교 생활을 한 아이로 인해 우리나라 교과서를 제대로 들여다볼 기회가 없었단 이유로 큰 관심을 두지 않았다는 사실을 고백합니다.

이번 책의 시작과 끝은 '교과서'입니다.

'시작'이 된 이유는 전작인 《엄마표 토론》 이후 쏟아진 독자들의 피드백과 요청 때문입니다. 토론의 중요성에 대해 충분히 공감하고, 단계별 실전 토론 과제들을 따라 하는 것으로 토론에 입문할 수 있어 큰 도움이 되었다는 이야기와 함께 아이와 토론할 더 많은 주제가 있었으면 좋겠다는 요구가 이어졌습니다. 시작하는 방법도 알았고, 막상 해 보니 생각보다 더 효과적이고 즐거운 일이라는 깨달음도 얻었는데 문제는 '지속가능성'이었습니다. 여전히 어떤 논제를 골라야 하는지 고민스러운 '선택'의 문제부터 '방향성'과 '목표'에 이르기까지 아이와 함께 토론하는 일상을 가꿔 나가기가 혼자 힘으로는 간단치 않았던 겁니다.

이러한 독자들의 의견에 십분 공감했습니다. 저 역시 '엄마표 토론' 초반에 아이에게 맞는 자료와 주제를 찾기 위해 많은 시행착오를 겪었기 때문입니다. 여러분이 구체적인 방향과 체계를 갖추려면, '엄마표 토론'을 자기 것으로 정착시키려면 더 많은 무기가 필요하겠다는 생각이 들었습니다. 이왕이면 '엄마표 토론'의 모든 노하우를 적용해 최고의 효과를 낼 수 있는 '더 구체적이고, 친절한 데다 목적성까지 확실한' 길을 제시해야 한다는 책임감도 느꼈습니다.

답은 가까이에 있었습니다. 바로 '교과서'입니다. 2022 개정 교육과정을 보면 앞으로 초·중·고 전 과정에 걸쳐 토론은 더 강조될 것이 명확합니다. 바뀌는 교과서와 교육 정책으로 혼란을 느끼고 어쩌면 불안감마저 느끼고 있을 학부모님들의 고민을 덜어주는 것과 동시에, 아이들에게 직접 효과가 있는 토론 학습을 제공하기 위해서는 교과서가 기본이 되어야 한다는 생각이 강하게 들었습니다.

그런데 한 가지 문제가 있었습니다. 주변 학부모들에게 종종 들어온 '교과서에 대한 불신'이 바로 그것이었습니다. 개정될 교과서를 두고도 '미래 교육을 교과서가 얼마나 충실히 반영할 수 있겠나?'라며 회의적인 반응을 보였습니다. 우리나라 교과서에 대한 별다른 정보가 없었던 저 역시 그런 말을 들을 때마다 의심이 커진 것도 사실입니다.

교과서는 다 '계획'이 있구나!

그래서 직접 확인해 보기로 했습니다. 아직 나오지 않은 개정 교과서를 확인하긴 어려우니 2015년 개정 버전의 교과서들을 탐구해 봤습니다. 예를 들어 2015 개정 교육과정의 주요 목표는 '창의융합형 인재 양성'이라고 명시되어 있는데, 교과서가 이 목표를 어떻게 담아내고 있는지 살펴보기로 한 겁니다.

국어, 사회, 과학, 도덕 등 주요 과목 중심으로 초등학교 전 학년 교과서를 살펴본 후 "오해해서 미안합니다"라는 말이 절로 나왔습니다. 가장 놀라웠던 점을 몇 가지 꼽아보자면 첫 번째로 교과서가 생각보다 재미있다는 것이었고, 두 번째로 단원 별로 학습 목표에 따른 구성이 탄탄하게 짜여 있다는 사실이었고, 세 번째로 토론의 기본기와 사고력을 기르는 훈련 요소들이 적절하게 배치되어 있다는 점이었습니다.

이 책의 '끝'이 교과서라고 한 이유가 바로 마지막 요인에 있습니다. 그동안 토론 교육이 왜 필요한지 끊임없이 강조해 오며, 공교육이 그 역할을 제대로 하지 못하는 것을 보고 안타까웠습니다. 그런데 교과서를 살펴보며 '교과서는 이미 교육이 나아가야 할 방향을 잘 반영하고 있구나'라는 사실을 알게 된 겁니다. 아이들 스스로 생각하는 힘을 기르고 자신만의 고유한 의견과 아이디어를 발현할 수 있는 체계를 갖추고 있음을 확인할 수 있었습니다.

검토 결과 "교과서는 훌륭해!"라는 감탄이 나왔지만, 동시에 강한 의문이 하나 생겼습니다. '아이들이 교과서를 잘 활용하고 있을까?' 하는 것입니다. "생각해 보세요", "이야기를 나눠 보세요", "자기 의견을 써 보세요"라며 교과서는 줄기차게 사고력을 키우는 질문을 던지고 있는데, 정작 아이들은 깊은 사고 과정 없이 단답형에 가까운 한 줄 답변으로 끝내 버리는 경우가 허다할 것이라는 추측을 어렵지 않게 할 수 있었습니다. 초등 교실의 현실을 고려했을 때 짧은 시간 안에 충분히 생각하고 의견을 나누는 방식의 수업이 쉽지 않을 거라는 사실도요.

그것이 바로 1년 넘게 고심해 이 책을 쓴 이유입니다. 교과서에 담긴 좋은 질문과 생각 훈련, 더 나아가 다양한 논의가 가능한 주제들을 바탕으로 더 깊이 있는 '교과 토론'의 장을 본격적으로 열어 보자는 것이 이 책의 취지입니다.

'교과서 중심'은 옛말? 능동적인 활용 비결은

'왜 교과 연계 토론인가'라는 물음에 또 다른 절대적인 이유가 있습니다. 교과서가 모든 공부의 기본이자 중심이기 때문입니다. 특히 초등 교과서는 전 생애에 걸쳐 배우고 학습하는 모든 과정의 뼈대가 된다는 점에서 확실하게 '내 것'으로 만들어야 합니다. 공부는 탑을 쌓는 것과 같아서 기초 공사가 단단해야만 견고하게 쌓아 올릴 수 있습니다. 당장은 큰 문제가 없어 보일지 몰라도 한 층 한 층 위태롭게 쌓아올린 탑은 어느 순간 와르르 무너질 수밖에 없습니다.

"교과서 중심으로 공부했어요"라는 말 아시죠? 라떼 시절 명문대를 우수한 성적으로 들어간 학생들의 '합격 수기'에 빠지지 않고 등장했던 이 단골 멘트는 놀랍게도 여전히 통용되고 있습니다. 2023년에 출간된 《교과서는 사교육보다 강하다》에서도 "교과서를 멀리하는 아이치고 최상위권인 아이는 없다"라고 단언합니다. 21년 차 현직 교사인 저자는 "상위권 아이들이 시험공부를 위해 가장 먼저 펼치는 것은 교과서"라고 말하며, 다만 교과서를 '능동적으로' 활용하는 것이 중요하다고 강조합니다.

여기서 '교과서 중심'이라는 말의 핵심을 파악할 수 있습니다. 교과서'만' 공부할 것이 아니라, 교과서를 가장 '기본' 교재로 삼아야 한다는 것입니다. 교과서 내용을 잘 흡수한 뒤 거기서부터 뻗어 나가는 공부를 하는 것이 최상위권 아이들의 비결인 것입니다.

교과서의 중요성은 그간 많은 교육자가 숱하게 강조해 온 부분이기도 합니다. 단적으로 보더라도 국내 최고의 집필진과 연구진이 만들어 낸 교과서를 무시하고 문제집이나 학원 교재를 우선시하며 좋은 성적을 기대하는 것은 어불성설입니다.

교단에 서는 한 지인은 "공부 잘하는 아이들은 교과서를 볼 때 '학습 목표'부터 읽는다"라고 말하기도 했습니다. 곧이곧대로 해석하여 '학습 목표'를 읽고 안 읽고의 문제라기보다는, 그만큼 교과서를 대하는 마음가짐의 차이가 성적의 차이를 만든다는 표현일 테지요.

달라지는 교과서 '2022 개정 교육과정'의 핵심 키워드는?

최근 여기저기서 교과서 이야기가 나오는 배경에는 '바뀌는 교과서'가 자리하고 있습니다. 2022 개정 교육과정에 따라 2024년부터 초등학교 1, 2학년 교과서가 바뀌고 순차적으로 3, 4학년과 5, 6학년에도 새 교과서가 적용됩니다.

2015 개정 교육과정 이후 7년 만에 발표된 개정이라서 큰 폭의 변화가 있을 것으로 예상하는 가운데, 이번 개편은 전반적인 교육의 방향성 및 대학 입시 제도까지 이어지는 큰 그림의 변화라는 점에서 더욱 주목을 받고 있습니다.

교육부가 확정 발표한 2022 개정 교육과정은 '미래 변화를 능동적으로 준비할 수 있는 힘'을 길러, '미래 사회가 요구하는 핵심 역량, 즉 포용성과 창의성을 갖춘 주도적인 사람으로 성장'하는 것을 비전으로 제시하고 있습니다. 미래 사회 변화에 대응할 수 있는 역량으로, 특히 '협력적 소통 역량'을 강조합니다.

이번 교육과정 개정 방향은 크게 세 가지로 정리할 수 있습니다.

첫째, 미래 사회 대응 능력 및 자기주도성 강화

언어, 수리, 디지털 소양 등을 기초 소양으로 교육 전반에서 강조하고, 디지털 문해력 및 논리력, 문제 해결력 등을 키우는 것을 목표로 합니다. 그뿐 아니라 '비판적 질문, 토의 및 토론 수업, 협업 수업' 등을 통해 각자의 능력과 속도에 맞춘 학습 역량을 기를 수 있도록 '학생 주도형 수업'을 활성화하는 것을 중점에 두고 있습니다.

둘째, 개개인의 인격적 성장 지원과 공동체 의식의 강화

기후 및 생태 환경 변화 등에 대한 대응 능력, 지속가능성 등 공동체적 가치를 높이는 교육을 강조하고 다양성이 존중되는 교육을 지원합니다.

셋째, 탐구 기반 학습으로의 전환

단순 암기 위주의 교육 방식에서 벗어나 탐구에 기반한 깊이 있는 학습으로의 전환을 추구합니다. 교과별로 꼭 배워야 할 핵심 아이디어를 중심으로 학생들이 경험해야 할 사고, 탐구, 문제 해결 등의 과정을 학습 내용으로 명확히 밝히고, 교수·학습법과 평가 방법도 개선됩니다.

다소 복잡하게 들릴 수도 있는 개정 내용을 교육부는 세 가지 키워드로 명료하게 제시하는데요. 바로 '자기주도성(주도성, 책임감, 적극적 태도)', '창의와 혁신(문제 해결, 융합적 사고, 도전)', '포용성과 시민성(배려, 소통, 협력, 공감, 공동체 의식)'이 그것입니다.

그리고 이 키워드들은 변화하는 미래에 맞춰 학습자 스스로 생각하는 힘을 기르는 토론의 중요성을 한층 강조하고 있습니다. 초등학교부터 중·고등학교로 이어지는 비판적 질문, 토의와 토론, 협업, 서술·논술 능력이 달라진 교육과정의 핵심으로 거론되고 있는 것입니다.

이와 같은 흐름은 어쩌면 당연한 결과라고 할 수 있습니다. 기존 교과서에도 사고와 탐구, 서로의 의견을 나누는 질문이 교과서의 기본 구성이었던 점을 고려하면 '미래 교육으로의 전환'이라는 목적성을 띤 이번 개정안은 자기주도적인 사고력 교육, 즉 토론식 교육이 강조될 수밖에 없으니까요.

과목별 교수법, 평가 방법의 핵심은 토론과 논·서술

물론 초등 1, 2학년을 제외한 다른 학년은 아직 새 교과서가 나와 있지 않은 상황이긴 합니다. 그러나 2022 개정 교육과정의 목적과 방향성, 과목별 내용 체계 및 교수·학습법, 평가 방법은 이미 세부적으로 제시되어 있는데요. 곳곳에서 토론, 구술, 논·서술이 등장합니다.

먼저 '국어과'의 경우 교수·학습 방법으로 "다양한 정보를 분석·평가·종합하여 대안을 제시하는 문제 해결 능력을 신장하고 학습자의 적극적 참여와 상호 작용을 독려하기 위해 토의·토론 및 협동 수업을 활용한다"라고 명시하고 있습니다. 평가 방법 역시 "내용을 깊이 있게 이해하고 탐구하는 능력을 갖추었는지를 평가하기 위해 서·논술형 평가를 활용할 수 있다"라고 밝히며 "학습자가 가지고 있는 지식이나 의견을 자신의 언어로 직접 표현하게 함으로써 보다 심층적이고 종합적인 사고 능력을 평가하는 데 초점을 둔다"라고 구체적인 가이드를 제시합니다.

토론 수업에 최적화된 교과라고 할 수 있는 '사회과'와 '도덕과'에서는 교수법과 평가 방법 전반에 걸쳐 토론을 강조합니다. '사회과'의 교수·학습법을 보면 "쟁점이나 문제 상황, 가치 갈등 상황, 인권 침해 등 다양한 상황이나 사례를 활용"할 것을 밝히며 "질문, 조사, 토의·토론, 논술, 모의재판과 모의국회"와 같은 토론식 학습 방법을 제시하고 있습니다. 아울러 "스스로 사회 문제나 쟁점을 탐구하거나 가치를 분석하는 기회를 갖도록 각종 사회 문제에 대한 시사 자료와 지역 사회 자료를 활용"할 것을 권하고 있는데요. 이는 교과 주제를 확장하여 사회적 이슈를 토론 주제로 적극적으로 활용할 필요가 있다는 것을 보여줍니다. 평가에서도 '구술, 면접, 토론, 논술'을 주요 방법으로 제시하고 있습니다.

'도덕과'는 '토의와 토론' 외에도 '역할 교환', '관점 채택' 등 적극적인 토론 방식을 교수·학습법에서 구체적으로 밝히고 있습니다. 평가 방법 또한 '서술·논술형의 지필 평가'는 물론이고 '구술평가'와 '쟁점에 대한 합리적 주장과 반론, 의사소통 능력, 상대방 존중'과 같은 본격 토론 과정을 반영합니다.

대표적인 몇몇 교과를 살펴봤지만, 다른 교과도 마찬가지입니다. 2022 개정 교육과정의 핵심 키워드 중 하나가 '자기주도성'이라는 것을 고려하면 학습자의 적극적인 참여로 이루어지는 토론식 학습과 평가는 모든 과목에 걸쳐 다양한 형태로 확장될 것이 분명합니다.

독해부터 토론, 논술까지 교과 토론 100% 활용 가이드

앞서 교과서의 역할 및 교과서를 기본으로 한 학습이 중요한 이유, 달라지는 교육 방향과 관련하여 핵심 내용을 살펴봤다면 이제 그에 맞춘 방법을 제안할 차례입니다.

공교육의 방향성 전환에 따른 개정은 초·중·고를 통틀어 체계적으로 진행됩니다만, 어디까지나 '골든 타임'은 초등학교 과정입니다. 특히 교수·학습법과 평가 방식이 토론과 논·서술 중심으로 바뀐다는 점을 생각하면 초등 시기에 토론 능력을 다져야 하는 이유가 더 명확해집니다. 토론과 논·서술 능력은 하루아침에 벼락치기로 쌓을 수 있는 것이 아니기 때문입니다. 이른바 교육 특구라 불리는 대치동에서는 일찍부터 토론 교육이 주요 과목과 어깨를 나란히 할 정도로 필수 학습으로 자리 잡았는데요. 중·고등학교 과정을 거쳐 대학 입시까지 염두에 둔 선구안이 작동한 결과라 하겠습니다. 초등학교 과정부터 토론에 익숙해진다면 학년이 올라갈수록 더 탄탄한 실력을 발휘할 것은 당연한 일이니까요.

이 책은 교과서 중심의 토론 학습에 익숙해지는 것은 목표로 합니다. 달라지는 교육과정의 핵심 키워드인 '자기주도성', '창의와 혁신', '포용성과 시민성'을 비롯해 전 교과에 걸쳐 주요 쟁점으로 거론되는 '지속가능한 미래'까지 네 가지 주제를 기본 카테고리로 설정했습니다.

각각의 토론 논제는 과목별 학습 내용과 연계된 사회 이슈를 뽑아 제시하되 최근 사회적 쟁점으로 떠올랐거나 가치 판단이 필요한 문제, 뜨거운 찬반 논쟁을 불러일으킨 이슈, 융합적 사고를 요구하는 문제들로 선별했습니다. 아울러 좀 더 다양한 관점에서 문제를 생각해 볼 수 있도록 주제를 확장한 논제들도 다수 포함했습니다. 2022 개정 교육과정에서 강조하는 '10대 범교과 학습 주제'인 안전·건강, 인성, 진로, 민주시민, 인권, 다문화, 통일, 독도, 경제·금융, 환경 및 지속 가능한 발전 등을 바탕으로 아이들의 지적 호기심을 건드리는 혁신적 사안이나 풍성한 배경지식을 쌓을 수 있는 심층 논제에 이르기까지 초등 교과와 관련한 토론 논제를 통합적으로 제시합니다.

하나의 토론 논제는 독해력을 키우는 읽기부터 서로의 생각을 나누는 토론 과정을 거쳐 논술력 향상과 지식 확장까지 이어집니다. 토론을 중심으로 독해력, 사고력, 문제 해결력, 융합적 사고력 등을 요구하는 통합적 활동이 가능하도록 구성되어 있는데요. 구체적인 활용법은 다음과 같습니다.

연계 교과 각 이슈와 연관된 교과와 학습 목표를 안내합니다(2022 개정 교육과정 내용 반영).

읽기 자료 뉴스 원문 자료를 제시합니다. 좀 더 구체적인 내용이 궁금하거나 한

단계 어려운 비문학 독해를 원한다면 원문을 찾아 읽어 보는 것을 권합니다. 고학년이라면 원문을 먼저 읽고 스스로 내용을 요약한 다음 읽기 자료 해설과 비교해 보는 것도 좋습니다.

읽기 자료 해설   간추린 뉴스를 읽으며 논제를 파악합니다. 단락별로 핵심 내용을 찾아가며 읽어 보세요. 읽기 자료 해설은 뉴스 원문을 요약하여 제시하되, 내용 이해를 돕기 위한 자료를 추가했습니다. 아울러 시의성이 있는 주제를 다룰 때에는 가장 최신 정보를 반영했습니다.

토론 길잡이   어떤 것을 중점으로 논의하면 좋을지 전체적인 토론 방향을 제시합니다.

생각을 깨우는 질문   내용 파악을 위한 간단한 질문부터 심층적 사고가 필요한 질문까지 다양한 예시 질문을 제공합니다. 각 논제의 난이도가 다른 만큼 학습자 연령에 맞는 질문을 선택하여 토론 활동을 이끌어나가는 것이 좋습니다.

찬반 토론 주제   각 이슈의 핵심을 다룬 찬반 토론 주제를 추가로 제시합니다. 찬성과 반대 각각의 입장에서 번갈아 토론하며, 생각의 근육을 키우고 균형적인 시각을 갖출 수 있습니다.

논술력 키우기   토론 활동으로 얻을 수 있는 혜택 중 하나가 바로 어휘력 향상입니다. 새로운 어휘를 '내 것'으로 만들기 위해서는 그 뜻을 바로 알고 직접 써 보는 것이 가장 좋은 방법입니다. 논제마다 필수 어휘를 선별하여 그 풀이를 제공하고, 이를 활용하여 자신의 생각과 의견을 글로 표현해 보도록 했습니다.

논술력 키우기

다음 어휘를 활용하여 자신의 생각과 의견을 글로 표현해 보세요.

발급 증명서, 증서 등을 발행해 줌.
완화 긴장된 상태나 급박한 것을 누그러뜨림.
금융 금전이나 화폐 등 '돈'이 오고 가는 것, 즉 돈의 흐름을 말함.

청소년들이 신용카드를 사용함으로써 얻을 수 있는 장단점은 무엇일까?

예시 답변) 청소년들에게 신용카드 발급이 완화되면 금융 생활을 보다 편리하게 할 수 있다는

장점이 있습니다. 또 올바른 신용카드 사용법을 통해 금융 지식을 얻을 수도 있습니다. 하지만 무분별

한 사용으로 잘못된 소비 습관이 형성될 수 있다는 단점도 있습니다. 따라서 청소년들이 신용카드

사용에 관한 책임감과 자기 조절 능력을 기를 수 있도록 돕는 교육이 필요하다고 생각합니다.

끝으로 논제에 따라 추가적인 배경지식을 제공합니다. 지적 호기심을 자극하여 더 깊은 탐구로 이어지는 데다가 보다 폭넓은 토론 활동을 펼칠 수 있습니다.

토론 실전서인 이 책은 학습서 형태지만, 최상의 결과를 위해서는 부모님의 적극적인 참여가 무엇보다 중요합니다. 토론은 상대가 있는 활동입니다. 특히 서로의 생각을 나누는 토론과 논술만큼은 아이와 꼭 함께 해 주시길 바랍니다.

앞서 이야기했지만, 이 책은 '엄마표 토론'의 정착을 위해 토론을 기본으로 독해, 논술 등 다양한 활동을 함께 제공합니다. '교과 토론'이란 말이 또 다른 학습으로 느껴져 부담이 될 수도 있겠지만, 교과 토론과 엄마표 토론이 지향하는 바는 절대 다르지 않습니다. 아이와 함께 대화를 주고받으며 깊이 사고하는 힘을 기르고 생각 근육을 단단하게 만드는 것, 더불어 아이와 정서적 유대감을 키우는 최적의 매개가 바로 '토론'이라는 것이죠. 따라서 아이와 풍부한 대화를 위한 화제를 찾겠다는 생각으로 이 책을 활용한다면, 아이와 토론하는 일상을 훌륭히 가꿔 나갈 수 있을 거라 확신합니다.

엄마표 토론의 핵심은 '사랑'이라는 것, 다 아시죠? 문제집처럼 빈칸 빼곡히 채워 넣어야 한다는 부담감은 접고, 책을 펼쳐 즐거운 마음으로 아이와 대화를 나눠 보세요. 토론은 공부라는 목적에서 멀어질 때 가장 강력한 효과를 얻을 수 있습니다.

차례

Part 2 문제 해결력과 융합적 사고를 기르는 토론 주제

Part 3 **소통, 협력, 공동체 의식 및
다양성 존중을 배우는 토론 주제**

Part 4　**지속가능한 미래를 고민하는 토론 주제**

Part 1

자기주도성을 기르는
토론 주제

디토 소비, 인플루언서가 사면 나도 산다!

연계 교과

사회	경제	3~4학년	생산과 소비의 경제 활동, 합리적인 선택
도덕	사회·공동체와의 관계	3~4학년	디지털 사회에서 발생하는 문제의 이해와 해결
	자신과의 관계	5~6학년	자주의 의미, 자주적으로 살아야 하는 이유

읽기 자료

● "나도, 따라 살래요" … '디토(Ditto) 소비'　　　　　2024년 1월 24일 자, 아시아경제

● 유명 유튜버가 샀다 하면 "나도 살래" 오픈런 … 디토소비가 뭐길래

2024년 1월 31일 자, 매일경제

읽기 자료 해설

'나도(Ditto)'+'소비'=디토 소비

2024년 강력한 소비 트렌드로 떠오른 '디토 소비'는 소셜미디어에서 자신과 비슷한 취향이나 가치관을 가진 인플루언서를 따라 제품을 구매하거나, 특정 분야의 전문가가 추천한 제품을 믿고 구매하는 현상을 말합니다. '마찬가지', '나도'라는 의미의 '디토(Ditto)'와 '소비'가 합쳐진 말로 특정 인물 또는 영화, 드라마, 예능 같은 문화 콘텐츠, 유통 채널 등을 추종하여 제품을 구매하는 현상을 일컫습니다.

스탠리 텀블러, 산리오 캐릭터 상품 열풍

대표적인 예로 미국 스타벅스와 보온병 업체 스탠리가 밸런타인데이를 맞아 출시한 한정판 핑크 텀블러 열풍이 있습니다. 이 텀블러를 손에 넣기 위해 오픈런 현상까지 벌어졌으며, 원래 가격의 10배가 넘는 금액에 재판매될 정도였죠. 국내에서는 쿠로미, 시나몬롤 등 산리오 캐릭터가 큰 인기를 끌었는데요. 초등학교 여학생 사이에 필수템으로 떠오르면서 새로운 등골 브레이커로 불릴 정도입니다.

주체적 추종이라지만 무분별한 충동 소비 우려

디토 소비는 자신이 지향하는 가치에 중점을 두고 꼼꼼히 따져 제품이나 서비스를 선택하는 '가치 소비'와 반대되는 개념이지만, 자신의 취향을 무시하고 맹목적으로 따라 사는 '모방 소비'와는 또 다릅니다. 자신과 비슷한 취향을 가진 인플루언서의 추천을 믿고 사는 '주체적 추종'에 따른 소비라는 겁니다. 전문가들은 디토 소비가 유행하는 이유로 수많은 정보 속에서 의사결정 과정을 생략하고 실패 없는 소비를 할 수 있다는 점을 꼽습니다. 실패에 대한 두려움 때문에 콘텐츠나 인플루언서를 따라 제품을 구매한다고 보는 거죠. 이러한 디토 소비는 쇼핑 시간을 아낄 수 있어 좋지만, 무분별한 추종에서 비롯한 충동 소비, 과시 소비를 부추길 우려도 있어 주의가 필요합니다.

토론하기

토론 길잡이

'나'의 소비 습관은 어떤지 떠올리며, 디토 소비가 합리적 소비, 자주적인 삶과 어떻게 연관되는지 이야기해 봅니다. 또 인플루언서나 유명인이 소비 트렌드를 이끌고 제품 구매 방식에 영향을 끼치는 것에 대해 어떻게 생각하는지 자신의 의견을 말해 봅시다.

생각을 깨우는 질문

Q 소비에 있어 '나의 신념과 선택'이 중요할까, 유명인 또는 다수의 선택을 따르는 '안전함'이 먼저일까?

Q 유명인이나 다수가 선택한 제품은 항상 좋은 선택이라고 할 수 있을까?

Q 틱톡이나 유튜브, 인스타그램 같은 SNS는 소비문화에 어떤 영향을 끼칠까?

Q 물건을 사기 전에 어떤 것들을 고려해야 할까?

Q 필요(Needs)와 욕구(Wants)의 차이는 무엇일까?

Q 합리적이고 올바른 소비란 무엇일까?

찬반 토론 주제

디토 소비는 **합리적 소비 방식이다** vs **무분별한 추종이다**

논술력 키우기

다음 어휘를 활용하여 자신의 생각과 의견을 글로 표현해 보세요.

추종   남의 뒤를 따라서 좇음.
맹목적 주관이나 원칙 없이 덮어놓고 행동하는 것.
주체적 어떤 일을 실천하는 데 자유롭고 자주적인 성질이 있는 것.

'나'의 소비 경험에 비추어 볼 때 디토 소비의 장점과 단점은 무엇일까?

_____

_____

_____

_____

 밴드왜건 효과와 스놉 효과

밴드왜건 효과(Band Wagon Effect)는 사람들이 다수의 의견이나 행동을 따르는 현상으로 미국 서부 개척시대에 퍼레이드 맨 앞에서 음악을 연주하여 사람들의 관심을 끌어모은 데서 유래한 용어입니다. 유행에 편승하여 상품을 구매하거나 선거에서 유력한 후보를 뽑는 현상을 설명할 때 쓰이는데 집단의 일원으로 인정받고자 하는 욕구, 불확실성을 줄이고자 하는 심리에서 비롯합니다. 반대로 스놉 효과(Snob Effect)는 많은 사람이 선호하는 인기 상품을 피하고 차별화를 위해 희귀한 상품을 구매하려는 현상을 말하는데요. 이 현상은 독특함, 개성 또는 상류층 문화를 추구하는 사람들 사이에서 자주 나타납니다.

학생회장 임명장 대신 당선증 주세요

연계 교과

사회	정치	3~4학년	학교 자치, 민주주의의 실현
		5~6학년	선거의 의미와 역할

읽기 자료

● 학생들이 뽑은 학생회장에 왜 교장이 '임명장'? … "당선증 주세요"

2022년 10월 4일 자, 한겨레

읽기 자료 해설

임명장과 당선증, 뭐가 다른데?

'학생회장, 부회장 등 학교 임원은 학생들이 투표로 뽑는데 왜 교장 선생님의 도장이 찍힌 임명장을 받는 것일까?', '학생들이 뽑은 대표이니 학생들의 이름으로 된 증서를 받아야 하는 것이 아닐까?' 이와 같은 문제의식을 느낀 일부 학생들이 학교에 건의하기도 했지만 크게 달라진 것은 없었다고 합니다.

그런데 학교 안팎에서 변화의 바람이 불고 있습니다. 그동안은 학생들이 뽑은 학생회장이라고 해도 교장 선생님 이름으로 된 '임명장'을 받는 것을 당연하게 여겼는데요. 이런 관행을 깨고 학생회장이 학교 선거관리위원회를 통해 학생들의 투표로 '선출'되는 자리인 만큼 '임명장'보다는 '당선증'을 수여하는 것이 더 바람직하다는 인식이 퍼지고 있는 겁니다.

민주주의의 가치를 배울 기회

전국 17개 시도교육청에서 제출한 자료에 따르면 여전히 많은 초·중·고등학교가 학생들이 투표해서 뽑은 학생회장에게 교장 명의의 임명장을 주는 것으로 나타났습니다. 다행히 조금씩 변화의 움직임이 시작되고 있는데요. 특히 전북교육청의 경우 무려 70%가 넘는 학교에서 임명장이 아닌 당선증을 주고 있다고 합니다. 다른 교육청들도 학생의 자치권을 고려했을 때 임명장이 아닌 당선증을 주는 것이 더 알맞다는 의견에 동의합니다. 그뿐 아니라 학생들이 민주주의의 진정한 가치를 배우고 민주시민성을 기르기 위해서라도 임명장이 아닌 당선증을 권장해야 한다는 목소리가 높아지면서 앞으로 임명장 대신에 당선증을 주는 학교가 점점 늘어날 것으로 보입니다.

토론하기

토론 길잡이

'임명직'과 '선출직'이 어떻게 다른지, '임명장'과 '당선증'은 어떤 차이가 있는지 민주주의의 가치와 연결 지어 알아봅시다. 또 선거란 무엇이며, 선거의 역할과 의미는 무엇인지 자신의 경험을 떠올리며 의견을 나눠 봅니다.

생각을 깨우는 질문

Q 학생회장을 학생들이 직접 뽑는 이유는 무엇일까?

Q 학생회장에게 당선증을 주는 것에 대해 어떻게 생각해?

Q 선생님이 '임명'하는 것과 학생들이 '선출'하는 것은 어떻게 다를까?

Q 임명장의 가치와 당선증의 가치는 어떤 차이가 있을까?

Q 당선증과 민주주의는 어떤 연관성이 있을까?

Q 뉴스에 등장한 학생들은 왜 임명장이 아닌 당선증을 달라고 했을까?

찬반 토론 주제

학생회장으로 뽑힌 사람에게

반드시 당선증을 주어야 한다 vs **형식은 중요하지 않으므로 임명장도 괜찮다**

논술력 키우기

다음 어휘를 활용하여 자신의 생각과 의견을 글로 표현해 보세요.

당선 선거나 심사 등에서 뽑힘.

임명 일정한 지위나 임무를 남에게 맡김.

선출 여럿 가운데서 골라냄.

학교에 임명장 대신 당선증을 달라고 제안하는 글을 써 보자.

청소년 신용카드 사용
득이 클까, 실이 클까?

연계 교과

사회	경제	3~4학년	생산과 소비 활동, 합리적 선택
도덕	자신과의 관계	5~6학년	자신의 생활을 반성하는 것의 중요성

읽기 자료

● 늘어나는 '청소년 신용카드' … 경제교육 방법은?　　　2023년 9월 7일 자, EBS 뉴스

읽기 자료 해설

청소년 신용카드 관련 규제 완화

2021년부터 허용되어 온 청소년 신용카드 발급이 증가하고 있습니다. 최근 금융위원회가 청소년 신용카드 관련 규제들을 완화하는 조치를 추가로 발표했는데요. 청소년들에게 카드를 발급해 주는 회사가 늘어났고, 건당 5만 원이던 결제 금액 제한도 없어졌습니다. 업종 제한도 완화되어 기존 사용처에 스터디 카페, 온·오프라인 쇼핑, 미용실, PC방, 놀이동산, 영화관 등이 새롭게 추가되었습니다. 그러나 기본 이용 한도가 월 10만 원인 것과 부모의 요청이 있을 때만 월 50만 원까지 상향할 수 있는 규정은 그대로입니다. 이러한 규제 완화의 배경에는 현금 없는 사회로의 이행이 크게 작용하고 있다는 분석입니다.

청소년 신용카드 사용을 놓고 찬반 엇갈려

학부모 사이에서는 찬반 의견이 뜨겁습니다. 사용처가 명확하고 한도가 정해진 만큼 체크카드를 보완할 방법이라는 반응이 있는가 하면, 돈에 대한 개념이 정립되지 않은 상태에서 신용카드를 사용하는 것은 잘못된 소비 습관을 키울 수 있다는 우려도 있습니다.

전문가들 역시 의견이 엇갈립니다. 신용 사회에서 청소년이 올바른 카드 사용법을 익히고 합리적인 금융 생활을 배울 기회라는 점에서 긍정적으로 보는 시각도 있지만, 구매 욕구를 조절하지 못해 장기적으로 좋지 않은 영향을 끼칠 거라는 부정적인 견해도 존재합니다. 따라서 청소년 신용카드 사용을 좀 더 엄격히 관리하고 문제점을 보완하여 달라진 경제 환경에 맞는 체계적인 금융 교육이 시급하다는 지적이 잇따르고 있습니다.

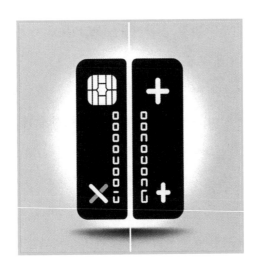

토론하기

토론 길잡이

신용카드의 장단점을 알아보고, 청소년들의 신용카드 사용이 늘어나는 이유를 생각해 봅시다. 또 신용카드 사용이 청소년들의 소비 습관과 금융 생활에 어떤 영향을 끼칠지 이야기해 봅시다.

생각을 깨우는 질문

Q 만 12세 이상 청소년들이 본인 명의로 신용카드를 발급받는 것에 대해 어떻게 생각해?

Q 체크카드와 신용카드의 가장 큰 차이점은 무엇일까?

Q 체크카드가 있는데 굳이 신용카드까지 필요할까?

Q 현금을 사용할 때 장점과 단점은 무엇일가?

Q 빠르게 '현금 없는 사회'가 되어가는 것에 대해 어떻게 생각해?

Q 신용카드 사용과 관련해 어린이, 청소년들에게 어떤 교육이 이뤄져야 할까?

찬반 토론 주제

청소년 신용카드 사용 관련 규제 완화는 **바람직하다** vs **바람직하지 않다**

다음 어휘를 활용하여 자신의 생각과 의견을 글로 표현해 보세요.

발급 증명서, 증서 등을 발행해 줌.

완화 긴장된 상태나 급박한 것을 누그러뜨림.

금융 금전이나 화폐 등 '돈'이 오고 가는 것, 즉 돈의 흐름을 말함.

청소년들이 신용카드를 사용함으로써 얻을 수 있는 장단점은 무엇일까?

초등학생은 스마트폰이 금지라고?

연계 교과

도덕	사회·공동체와의 관계	3~4학년	디지털 사회에서 발생하는 문제의 해결
실과	지속가능한 기술과 융합	5~6학년	건전한 사이버 공간의 활용 태도

읽기 자료

- "중학생 전까지 스마트폰 금지"… 아일랜드 실험 나섰다   2023년 6월 10일 자, SBS 뉴스

읽기 자료 해설

스마트폰 부작용을 줄이기 위한 노력

스마트폰을 사용하는 연령이 낮아지면서 다양한 문제들이 제기되는 가운데, 아일랜드 동부의 한 도시가 중학교 입학 전까지 스마트폰을 사용하지 못하도록 하는 실험을 시작해 주목을 받고 있습니다. 그레이스톤즈시에 있는 8개 초등학교 학부모 협회는 자녀가 중학생이 될 때까지 학교와 집은 물론, 밖에서도 스마트폰을 사용하지 못하도록 하는 내용에 자발적으로 합의했습니다. 이는 스마트폰을 소유하지 못한 학생이 받는 소외감과 여러 자극적인 콘텐츠에 노출되는 부작용을 줄이

기 위해서라고 합니다. 이번 실험은 일부 학교의 결정이 아니라 도시 전체가 공동으로 합의한 첫 사례라는 점에서 큰 화제를 불러모았는데요. 스마트폰이 아이들에게 끼치는 부정적 영향에 대해 교육자와 전문가, 학부모가 공감대를 형성한 결과입니다.

자극적인 콘텐츠 접근을 막는 것이 목표

이번 실험에 참여하는 한 학교의 교장은 아이들이 어른들의 지도하에 친구들과 연락하는 것은 문제가 되지 않으며, 단지 스냅챗, 인스타그램, 왓츠앱, 틱톡 등 자극적인 콘텐츠가 난무하는 소셜미디어 접근을 감독하는 것이 목표라고 밝혔습니다. 그와 함께 미디어 리터러시 교육을 통해 아이들 스스로 콘텐츠를 취사 선택할 수 있는 능력을 길러줄 계획이라고 덧붙였습니다.

학부모들의 생각도 비슷합니다. 모두가 프로젝트에 동참한다면 스마트폰을 쓰지 않는 초등학생은 그것이 이상하다고 느끼지 않을 것이고, 부모도 자녀에게 스마트폰을 쓰지 말라고 말하기 쉬워진다는 것이죠.

아일랜드 보건부 장관 역시 이번 실험을 전국으로 확대해야 한다고 주장하며 "정부는 어린이와 청소년이 디지털 세계와 상호 작용하는 과정에서 피해를 보지 않도록 보호해야 할 의무가 있다"라고 강조했습니다.

토론하기

토론 길잡이

스마트폰 과의존 문제를 알아보고, 우리 삶에 어떤 영향을 끼치는지 이야기해 봅시다. 또 스마트폰이 어린이에게 미치는 부정적 영향은 어떤 것들이 있으며, 초등학생의 스마트폰 사용을 금지하는 것이 건강한 디지털 생활에 얼마나 효과적일지 논의해 봅시다.

생각을 깨우는 질문

Q '초등학생 스마트폰 금지 실험'을 하게 된 배경은 무엇일까?

Q 특별히 '중학교 입학 전'까지로 나이를 제한한 이유는 무엇일까?

Q '초등학생 스마트폰 금지 실험'은 어떤 결과를 가져올까?

Q '나'의 스마트폰 사용 습관은 어떠한가?

Q 스마트폰 없이 하루를 보낸다면 어떤 일이 벌어질까?

Q 스마트폰은 '나'의 건강, 학업, 친구 관계에 어떤 영향을 끼칠까?

찬반 토론 주제

초등학생에게 강제적으로 스마트폰 사용을 금지하는 것은

문제가 있다 vs **문제가 없다**

논술력 키우기

다음 어휘를 활용하여 자신의 생각과 의견을 글로 표현해 보세요.

규정   규칙으로 정함.
부작용   어떤 일에 붙어서 일어나는 바람직하지 못한 일.
취사선택   여럿 가운데서 쓸 것은 쓰고 버릴 것은 버림.

스마트폰을 올바르게 사용하기 위해서는 어떤 약속과 교육이 필요할까?

  미디어 리터러시

미디어(Media)와 리터러시(Literacy)를 합성한 용어로 인터넷, 소셜미디어, TV 등 다양한 매체에서 접한 정보를 비판적으로 이해하고, 올바르게 활용하는 능력을 말합니다. 매체에서 제공하는 정보가 항상 정확하고 유익한 것은 아니므로 그것의 출처를 알아보고 신뢰성을 따져 자료를 바르게 이해하는 것은 디지털 시대에 모든 사회 구성원에게 꼭 필요한 능력입니다. 데이터를 판별하는 능력이 떨어지면 잘못된 정보를 접한 순간 혼란에 빠지고 분별력을 잃을 수도 있기 때문입니다. 따라서 미디어를 현명하게 사용하고, 세상을 더 잘 이해하며 미디어를 통해 자기 생각을 효과적으로 전달하려면 미디어 리터러시 역량을 키우는 것이 중요합니다.

엄마, 내 사진 SNS에 올렸어?

연계 교과

도덕	자신과의 관계	3~4학년	자기 감정의 소중함
	타인과의 관계	3~4학년	가족의 행복을 위해 할 일
	사회·공동체와의 관계	3~4학년	디지털 사회에서 발생하는 문제의 해결

읽기 자료

- "엄마, 내 허락받았어?" SNS에 사진 올렸다가 소송… 셰어런팅 주의보

2023년 4월 25일 자, 머니투데이

읽기 자료 해설

셰어런팅으로 부모 고소까지

'셰어런팅(Sharenting)'이란 공유(Share)와 육아(Parenting)의 합성어로 자녀의 사진이나 일상을 SNS에 공유하는 것을 말하는데요. 자녀의 동의 없이 부모가 아이의 일상을 공개하는 것은 아동의 사생활 침해라는 비판이 거셉니다. 2019년 할리우드 배우인 기네스 펠트로는 딸의 허락 없이 사진을 올렸다가 딸이 댓글로 불쾌감을 표시하면서 논란이 불거진 바 있습니다. 캐나다에서는 2016년 당시 13세 소년이 아기 때 나체 사진을 10년간 SNS에 올렸다는 이유로 부모를 고소한 일도 있었어요.

SNS에 올린 사진이 범죄에 이용

해외에선 일찍이 '셰어런팅 주의보'가 내려졌습니다. 자녀가 아동 범죄의 표적이 될 수 있기 때문입니다. 특히 프랑스에서는 당사자가 동의하지 않은 사진을 게시한 경우 법적 조치를 취하고 있어요. 또 소셜미디어를 통해 명의도용 범죄에 필요한 개인 정보를 쉽게 얻는 것으로 알려져 셰어런팅 위험성에 대한 경고가 계속되고 있습니다. 유니세프 노르웨이위원회는 아동이 12세가 될 때까지 부모가 SNS에 공유하는 자녀 사진은 약 1,300장에 달한다고 밝히면서 자녀의 동의를 떠나 온라인에서 아이 사진을 공유하는 것을 중단해야 한다고 강조합니다.

우리나라도 '잊힐 권리' 준비?

아동과 청소년의 개인 정보 보호를 위한 법적 기반을 마련해야 한다는 목소리가 높습니다. 유엔은 디지털 환경에서 보장해야 할 아동 권리 중 하나로 '프라이버시권'을 명시하고 각국에 정책 마련을 권고하고 있습니다. 유럽연합과 미국의 몇몇 주에서도 아동 및 청소년기의 개인정보 삭제권과 잊힐 권리를 강조하고 있어요. 우리나라도 셰어런팅 대응 방안을 마련하고, 아동·청소년 개인정보보호법 제정안을 발의할 예정이라고 해요.

토론하기

토론 길잡이

소셜미디어나 인터넷에서 공유되는 개인 정보가 왜 위험한지 짚어보고, 개인 정보 관리가 '나'를 지키고 존중하는 것과 어떤 연관이 있는지 생각해 봅시다. 아울러 디지털 환경에서 아동과 청소년을 보호할 방법을 함께 고민해 봅시다.

생각을 깨우는 질문

Q 자녀의 사진이나 일상을 공유할 때 당사자의 허락이 필요한 이유는 무엇일까?

Q 친구나 이웃, 회사 동료 등과 함께 한 사진이나 영상을 공유할 때도 모든 사람에게 일일이 허락을 구해야 할까?

Q 사소한 정보라고 해도 온라인에서 노출됐을 때 더 위험한 이유는 무엇일까?

Q '잊힐 권리'란 무엇일까?

Q 소셜미디어와 인터넷을 안전하게 이용하는 것은 우리 가족의 행복과 어떤 연관이 있을까?

찬반 토론 주제

셰어런팅을 **법적으로 규제해야 한다** vs **개인 자율에 맡겨야 한다**

다음 어휘를 활용하여 자신의 생각과 의견을 글로 표현해 보세요.

주의보   기상 현상 등으로 피해가 생길 염려가 있을 때 기상청에서 주의하라고 알리는 예보. 무언가로 인해 피해가 예상되어 주의가 필요할 때 'OO 주의보'라고 표현하기도 함.

표적   목표로 삼는 대상.

명의도용   당사자의 허락 없이 개인 또는 기관의 이름을 몰래 가져다 씀.

셰어런팅의 부작용은 어떤 것들이 있으며, 이를 막을 방법은 무엇일까?

 디지털 장의사

사람들이 온라인 세상에서 자신의 정보를 관리하도록 도와주는 새로운 직업입니다. 우리가 인터넷을 사용하다 보면 SNS 계정을 만들어 사진과 일상을 공유하거나 카페나 사이트에 각종 게시물을 올리는 등 '디지털 발자국'을 남기는데요. 디지털 장례사는 이처럼 인터넷에 남아 있는 흔적을 지워주는 일을 합니다. 원치 않은 개인 정보가 퍼져서 고통받는 피해자들에게 도움을 주거나 세상을 떠난 고인의 흔적을 온라인에서 지우는 일이 디지털 장의사의 주된 역할입니다.

우리나라 청소년 금융 이해 점수는 낙제점

사회	경제	3~4학년	경제 활동, 합리적 선택, 생산과 소비 활동
도덕	자신과의 관계	5~6학년	자신의 생활을 반성하는 것의 중요성

읽기 자료

● "예금자 보호가 뭐예요?"… 청소년 금융 이해 낙제점　　　2023년 5월 30일 자, 매일경제

읽기 자료 해설

청소년 금융 이해력 점수 10년 전보다 더 떨어져

청소년금융교육협의회(청교협)가 설립 20주년을 맞아 고등학교 2학년을 대상으로 실시한 조사에서 2023년도 학생들의 금융 이해력 점수가 평균 46.8점에 그친 것으로 나타났습니다. 이는 미국 금융 교육 기관이 설정한 낙제 점수인 60점에도 한참 못 미치는 점수입니다. 청교협은 10년 전인 2013년에도 같은 조사를 한 적이 있는데요. 그때보다 1.7점이나 하락한 점수라고 합니다. 이에 정규 교육 과정부터 금융 수업을 의무화하여 학생들이 관련 지식을 배우게 해야 한다는 목소리가 커지고 있는데요. 금융 교육을 제대로 받지 않은 청소년들이 잘못된 금융 습관을 갖게 되면 개인은 물론이고 사회적으로 큰 손실이 발생할 것이라는 지적입니다.

2025년부터 고등학교 선택 과목으로

영국은 공립 중·고등학교에서 필수 과목으로 금융을 배우고, 미국도 많은 주에서 고등학교 교육과정에 금융 과목을 이수하도록 하고 있습니다. 최근 일본에서는 금융 교육을 강화하는 법안을 의결하기도 했고요. 이러한 흐름에 발맞춰 우리나라도 2025년부터 고등학교 교육과정에 '금융과 경제생활'이라는 선택 과목을 신설하기로 했습니다. 그러나 대입 수능 과목이 아닌 데다가 학생들의 선호도가 낮아 실효성이 있겠냐는 의문이 제기되고 있습니다.

금융 거래 경험 여부에 따라 금융 이해력도 달라져

성별이나 지역별로 금융 이해력에 차이가 있는 것으로 나타났습니다. 조사 결과 여학생이 47.6점, 남학생은 45.8점으로 여학생이 다소 높은 것으로 나왔는데, 이 점수 차는 10년 전보다 더 벌어진 수치라고 합니다. 지역별로는 서울 거주 학생이 중소도시 학생보다 금융 이해력이 더 높은 것으로 조사되었습니다. 금융 거래 경험은 더 큰 점수 차이로 이어졌는데요. 경험이 있는 학생이 그렇지 않은 학생보다 금융 이해력 점수가 무려 14점이나 높게 나타났습니다. 특히 어떤 금융 거래를 해 보았는지가 중요하게 작용했는데요. 보통예금, 체크카드를 이용해 본 학생의 금융 이해력은 높았지만, 펀드나 주식 같은 투자상품과 신용카드 거래 경험이 있는 학생의 경우 오히려 금융 이해력이 떨어지는 것으로 나타났습니다. 이런 결과는 투자나 신용에 대한 이해가 부족한 상태에서 무작정 금융상품에 투자할 경우 더 많은 문제가 발생할 수 있음을 보여줍니다.

토론하기

토론 길잡이

금융 이해력이란 무엇이며, 올바른 경제 활동 및 생존을 위해 왜 금융 지식이 필요한지 생각해 봅시다. 또 좋은 금융 습관이 '나'에게 어떤 영향을 끼치는지 이야기해 봅시다.

생각을 깨우는 질문

Q '나'의 금융 지식은 100점 만점에 몇 점일까?

Q 금융과 경제생활은 어떻게 연결되어 있을까?

Q 어릴 때부터 금융 교육을 받아야 하는 이유는 무엇일까?

Q 어떤 금융 거래를 경험했느냐에 따라 학생들의 금융 이해력 점수가 다른 까닭은 무엇일까?

Q 올바른 금융 습관을 기르기 위해 지금 당장 실천할 수 있는 방법은 무엇일까?

Q 학교에서 금융 과목을 어떤 방식으로 가르치면 좋을까?

찬반 토론 주제

학교에서 금융 과목을 **필수로 지정해야 한다** vs **학생들의 선택에 맡겨야 한다**

논술력 키우기

다음 어휘를 활용하여 자신의 생각과 의견을 글로 표현해 보세요.

투자 이익을 얻을 목적으로 자금을 대거나 정성을 쏟음.

손실 감소하거나 잃어버려 입은 손해.

실효성 어떤 일의 결과나 대상이 실제로 효과를 나타내는 성질.

금융 교육이 제대로 이루어지지 않으면 개인과 사회에 어떤 문제가 발생할까?

미성년자 무인점포 절도 범죄, 멈춰!

연계 교과

도덕	자신과의 관계	3~4학년	정직한 사람, 도덕적인 행동의 필요성
		5~6학년	도덕적 성장을 지향하는 자세
	사회·공동체와의 관계	5~6학년	정의로운 공동체를 위한 규칙

읽기 자료

- 늘어나는 무인점포 범죄 … 미성년자 25% 달해 '특단 대책'

2023년 7월 26일 자, 쿠키뉴스

읽기 자료 해설

무인점포 증가하니 범죄도 증가?

인건비 절감 등을 이유로 무인점포가 늘어나면서 관련 절도 범죄도 증가하고 있다고 합니다. 경찰청이 제출한 무인점포 절도 발생 건수 및 검거 인원 통계에 따르면, 2022년 한 해 동안 무인점포에서 발생한 절도 범죄는 6,018건으로 하루 평균 16건에 달하는 범죄가 발생한 셈이라고 해요. 2021년 3월부터 12월까지 무인점포 절도 건수가 3,514건이라는 통계 자료와 비교해 보면 절도 범죄 증가세가 두드러졌음을 확인할 수 있습니다.

지역별로는 경기와 서울 지역의 범죄 발생률이 가장 높게 나타났는데요. 이는 인구가 많은 대도시인 데다가 무인점포 수가 빠르게 늘면서 절도 범죄율 또한 증가한 것으로 분석됩니다.

14세 미만 촉법소년 범죄율 심각

늘어나는 절도 범죄도 문제지만 더 심각한 것은 무인점포 절도 피의자들의 나이인데요. 2022년 하반기에 무인점포 절도로 검거된 인원 중 약 25%가 미성년자였다고 해요. 특히 형사처벌을 받지 않는 14세 미만 촉법소년 비율이 미성년자 피의자의 50%에 달했다고 합니다. 즉, 절도 피의자 10명당 1명은 촉법소년인 셈입니다.

코로나19 이후 무인점포가 폭발적으로 증가하면서 관련 범죄를 예방하기 위한 노력이 필요한 상황인데요. 이를 위해 경찰이 순찰을 강화하고 있지만, 워낙 점포가 많아 현실적으로 어려움이 많다고 합니다. 또 사람이 없는 무인점포의 특성상 청소년들이 범죄의 유혹을 느끼기 쉬운 만큼 점포 출입 인증 절차를 도입하는 등 절도 범죄를 막기 위한 보완책이 필요하다는 의견도 제기되고 있습니다.

토론하기

토론 길잡이

한 번쯤은 무인점포를 이용한 경험이 있을 텐데요. 그때의 경험을 떠올리며 가볍게 대화를 시작해 보세요. 유인점포와 무인점포의 차이를 알아보고, 보이지 않는 곳에서 양심을 지키는 일이 왜 중요한지 이야기를 나누며 도덕성과 시민성에 대해 배우는 시간을 가져 봅시다.

생각을 깨우는 질문

Q 무인점포가 갑자기 많아진 이유는 무엇일까? 유인점포와 비교했을 때 무인점포의 장단점은 무엇일까?

Q 14세 미만 촉법소년들의 무인점포 절도 범죄율이 높은 이유는 무엇일까?

Q 가게를 지키는 사람이 없으면 범죄의 유혹을 더 쉽게 느끼게 될까?

Q 보는 사람이 없다 해도 양심을 지키는 일은 왜 중요한가?

Q 사회 구성원들의 도덕적 행동은 정의로운 사회를 만드는 데 어떤 영향을 줄까?

Q 무인점포 절도 범죄를 예방할 수 있는 좋은 아이디어가 없을까?

찬반 토론 주제

미성년자의 무인점포 출입을 까다롭게 하기 위한 출입 인증 절차를

도입해야 한다 vs **도입하면 안 된다**

다음 어휘를 활용하여 자신의 생각과 의견을 글로 표현해 보세요.

절감 돈이나 물건을 아끼어 줄임.

검거 수사 기관이 범죄를 저질렀을 것으로 의심되는 사람을 잡아 억지로 머무르게 하는 것.

피의자 범죄 혐의를 받고 있으나 아직 법원에 정식으로 재판 청구가 되지 않은 사람.

미성년자의 무인점포 절도 범죄를 예방하려면 어떻게 해야 할까?

 촉법소년

법에 어긋나는 일을 한 10세 이상 14세 미만의 아이들을 말합니다. 우리나라 법에서는 '14세가 되지 아니한 자의 행위는 벌하지 아니한다'고 규정하고 있는데요. 이에 따라 아이들이 범죄를 저지르더라도 형사처분을 받지 않습니다. 그 대신에 아이들이 잘못을 바로잡고 다시는 같은 실수를 하지 않도록 도와주는 특별한 판단을 내리는데 이를 '보호처분'이라고 합니다. 보호처분에는 여러 방식이 있는데요. 아주 심각한 경우에는 소년원에 보내기도 합니다. 모든 처분은 아이의 미래에 어떠한 영향도 미치지 않기 때문에 이를 악용한 10대 촉법소년 범죄가 잇따르면서 심각한 사회 문제로 떠올랐는데요. 이로 인해 촉법소년의 나이 기준을 낮추고 처벌을 강화해야 한다는 목소리가 점점 커지고 있습니다.

운전자를 위협하는 '민식이법 놀이'

연계 교과

도덕	타인과의 관계	3~4학년	타인에 대한 공감, 타인의 감정 함께 나누기
		5~6학년	타인을 위하는 자세
	사회·공동체와의 관계	5~6학년	정의로운 공동체를 위한 행동
사회	법	5~6학년	법의 의미와 역할

읽기 자료

● 도로 위 대(大)자로 누운 '민식이법 놀이'에 운전자 공포   2023년 8월 28일 자, 서울신문

읽기 자료 해설

'민식이법'이란?

어린이보호구역(스쿨존)에서의 어린이 교통사고를 줄이겠다는 취지로 개정된 법률로 2019년 9월 충남 아산의 한 어린이보호구역에서 횡단보도를 건너던 김민식 군이 과속 차량에 치여 사망한 사고를 계기로 만들어진 법입니다. 어린이보호구역에서 안전운전 위반으로 만 12세 미만 어린이를 사망하게 하면 무기 또는 3년 이하의 징역에 처하고, 다치게 하면 1년 이상 15년 이하의 징역이나 500만 원 이상 3,000만 원 이하의 벌금을 부과할 수 있습니다. 이 법은 2020년 3월 25일부터 본격 시행됐습니다.

'민식이법 놀이'는 뭔데요?

그런데 민식이법을 악용하여 어린이보호구역을 지나가는 차량에 갑자기 뛰어들어 운전자를 위협하는 행동이 아이들 사이에서 유행처럼 번지며 사회적으로 큰 파장을 일으켰는데요. 속칭 '민식이법 놀이'라고 합니다. 최근에는 아이들이 도로 한복판이나 사거리 건널목에 대(大)자로 누워있는 등 더 위험한 행동을 일삼으면서 운전자들의 각별한 주의가 필요한 상황입니다.

처벌은 못 하나요?

자칫 큰 사고로 이어질 수 있어 아이들 행동에 제재가 필요한데요. 도로 한복판에 드러눕는 것은 명백한 불법입니다. 따라서 처벌할 수 있지만, 문제는 18세 미만이면 범칙금 제외 대상자라는 겁니다. 실질적으로 아무런 제재도 할 수 없는 상황에서 교통사고 전문가들은 일부 어린이들의 철없는 행동으로 애꿎은 운전자가 피해를 볼 수 있다고 지적합니다.

토론하기

토론 길잡이

'민식이법'이 제정된 이유와 법을 대하는 우리의 태도에 대해 생각해 봅시다. 또 누군가의 장난이 타인에게 어떤 피해를 줄 수 있는지, 나아가 사회 공동체에 어떤 영향을 끼치는지도 이야기해 봅시다.

생각을 깨우는 질문

Q '민식이법 놀이'라는 명칭에 대해 어떻게 생각해?

Q '민식이법'이 악용되는 걸 보면 민식이 가족들은 어떤 기분이 들까?

Q 사회 공동체의 일원으로서 어린이들은 자기 행동에 어떤 책임을 져야 할까?

Q 누군가의 이름을 딴 법이 제정되는 이유는 무엇일까?

Q 법은 왜 필요하며 법을 대하는 우리의 태도는 어떠해야 할까?

Q 법을 악용하면 어떤 문제들이 생길까?

Q 자기 자신과 타인을 위험에 빠뜨리는 행동을 예방하려면 어떻게 해야 할까?

찬반 토론 주제

'민식이법 놀이'를 하는 어린이들을 **처벌해야 한다** vs **처벌하면 안 된다**

논술력 키우기

다음 어휘를 활용하여 자신의 생각과 의견을 글로 표현해 보세요.

악용 알맞지 않게 쓰거나 나쁜 일에 씀.

위협 두려움이나 위험을 느끼게 하는 것.

제재(制裁) 습관이나 규정을 어기는 것을 금지함. 또는 그런 조치.

'민식이법 놀이'를 하는 친구들에게 위험성을 알리는 편지를 써 보자.

한국인 삶의 질이 꼴찌 수준이라고?

연계 교과

사회	사회·문화	3~4학년	사회 변화의 양상과 특징, 생활 모습의 변화
	경제	5~6학년	경제 성장과 관련된 문제 해결

읽기 자료

● 한(韓) 서글픈 '삶의 질'…OECD서 더 낮은 곳 콜롬비아·튀르키예뿐

2023년 2월 20일 자, 중앙일보

읽기 자료 해설

우리 국민 삶의 만족도 매우 낮아

한국인들의 삶에 대한 만족도가 상당히 낮은 편으로 조사됐습니다. 통계청이 발표한 〈국민 삶의 질 2022〉 보고서에 따르면 우리 국민 삶의 만족도는 10점 만점에 5.9점으로 나타났는데, 이는 OECD 회원국 평균인 6.7점에 비해 0.8점이나 낮은 점수입니다. 일본(6.0점), 그리스(5.9점)와 비슷한 수준으로, OECD 38개국 중 콜롬비아(5.8점)와 튀르키예(4.7점)를 제외하고는 가장 낮은 수치라고 해요. 이번 조사에서는 북유럽 국가들인 핀란드, 덴마크, 아이슬란드가 각각 1, 2, 3위를 차지했습니다.

여가, 주거, 가족, 공동체 영역에서 삶의 질 떨어져

삶의 만족도가 낮은 이유는 여가, 주거, 가족, 공동체 영역에서 삶의 질이 떨어지기 때문으로 분석됩니다. 긴 근로 시간, 높은 가계 부채율, 부동산 가격의 폭등이 주요 원인으로 꼽힙니다. 특히 여가 생활 만족도가 27%에 불과한데, 60대 이상은 18.8%로 더 낮습니다. 여가 생활은 건강과 경제적 능력이 따라줘야 누릴 수 있는 만큼 삶의 다양한 영역에서 만족도가 낮다는 것을 종합적으로 보여주는 지표라 하겠습니다. 이 밖에도 저출산 고령화로 인한 독거노인 비율의 증가, 60세 이상 인구의 사회적 고립도 상승, 중고생의 학교생활 만족도 하락 등도 우리 국민의 삶의 만족도에 부정적인 영향을 끼치는 것으로 나타났습니다.

토론하기

토론 길잡이

한국인의 삶에 대한 만족도가 떨어지는 것은 어떤 이유에서인지 문화적, 경제적 관점에서 생각해 봅시다. 또 '나'의 삶의 만족도는 몇 점이며, 어떤 기준에서 점수를 매겼는지 이야기를 나눠 봅시다.

생각을 깨우는 질문

Q 국민이 느끼는 삶의 만족도는 그 나라의 경제적, 문화적 수준과 어떤 연관이 있을까?

Q 삶의 만족도가 낮으면 어떤 면에서 문제가 될까?

Q 대체로 북유럽 국가들에서 삶의 만족도나 행복 지수가 높게 나오는 이유는 무엇일까?

Q 우리 국민의 삶에 대한 만족도나 행복 지수가 낮게 나오는 이유는 무엇일까?

Q 삶의 만족도를 높이려면 국가와 개인은 각각 어떤 노력을 해야 할까?

Q '나'는 내 삶에 얼마나 만족하는가? 우리 가족의 만족도는 몇 점일까?

찬반 토론 주제

삶의 만족도는 경제적 여유와 **관련이 크다** vs **꼭 그렇지 않다**

다음 어휘를 활용하여 자신의 생각과 의견을 글로 표현해 보세요.

주거 일정한 곳에 머물러 삶. 또는 그 집.

부채 남에게 빚을 짐. 또는 그 빚.

여가 일이 없어 쉬는 시간.

어린이를 대상으로 삶의 만족도를 조사한다고 했을 때, 어떤 기준으로 점수를 매길까? 또 어른들의 기준과 어떻게 다를까?

틱톡, 유튜브가 집단 소송을 당했다고?

연계 교과

도덕	자신과의 관계	3~4학년	자신에게 정성을 다하는 삶
		5~6학년	자주적인 삶, 생활에 대한 반성
	사회·공동체와의 관계	3~4학년	디지털 사회에서 발생하는 문제의 해결

읽기 자료

● "소셜미디어 빅4가 학교 망쳤다" 미(美)교육청 200곳, 틱톡·유튜브 집단소송

2023년 7월 24일 자, 조선일보

● 규제 손 놓은 한국…미성년자 소셜미디어 사용 제한 없어   2023년 6월 29일 자, 조선일보

읽기 자료 해설

**틱톡, 메타, 유튜브, 스냅 등 주요
소셜미디어 회사 상대로 집단 소송**

미국 교육청들이 주요 소셜미디어 회사들을 상대로 집단 소송을 제기했습니다. 소셜미디어의 부작용이 심각하다고 판단해서인데요. 이 소송에 미 전역 교육청과 학부모들이 참여하면서 10대 청소년을 주

고객층으로 덩치를 키워 온 빅테크 기업의 폭주를 막으려는 거대한 싸움이 시작됐다는 해석입니다. 교육청의 요구는 이렇습니다. 소셜미디어 회사들이 청소년 대상 유해 콘텐츠를 검열하고, 이용 시간을 줄일 수 있도록 대책을 마련하라는 것입니다. 더 나아가 청소년이 유해 콘텐츠에 빠질 수밖에 없는 중독성 높은 플랫폼을 만든 책임까지 묻겠다는 입장입니다.

우울, 자살 충동, 사이버 괴롭힘 등 정신 건강 문제 심각

소송 배경에는 미국 청소년들의 건강 문제가 있습니다. 미국 10대 중 소셜미디어를 사용해 본 경험이 있는 비율은 95%, 온라인 괴롭힘을 당한 적이 있는 비율은 그중 절반(46%)에 달하는 것으로 조사되었습니다. 그뿐 아니라 불안과 우울, 자살 충동, 이상적 외모에 집착하여 생기는 섭식 장애, 위험천만한 각종 챌린지 등 청소년에게 끼치는 폐해도 광범위하게 나타났습니다. 전문가들은 이번 소송이 인터넷 기업들의 '면책 조항'에 영향을 줄 것으로 보고 있습니다.

우리나라 상황은?

소셜미디어 부작용은 우리나라 청소년에게도 심각한 문제지만, 이와 관련한 규제 법안은 아직 논의조차 없는 상황입니다. 정부가 미성년자의 안전한 온라인 활동을 돕기 위한 계획을 발표하긴 했지만, 구속력 없는 가이드라인 수준인 데다가 소셜미디어의 미성년자 보호 기능에 대한 인지도가 낮아 실효성이 떨어진다는 평입니다. 법조계에서는 청소년 정신 건강과 청소년 관련 범죄에 미치는 영향을 고려해 국내에서도 청소년 보호 법안을 마련해야 한다는 의견이 나오고 있습니다.

토론하기

토론 길잡이

삶의 주인으로서 '나'는 소셜미디어를 어떻게 사용하고 있는지 되돌아보고, 소셜미디어 이용 및 조절 능력이 어떻게 자주적인 삶으로 연결되는지 이야기해 봅시다. 나아가 전 세계적인 문제로 떠오르고 있는 소셜미디어의 부정적 영향에 대해 논의하고 해결책을 찾아봅니다.

생각을 깨우는 질문

Q 소셜미디어의 장점과 단점은 무엇일까?

Q 소셜미디어의 중독성은 어느 정도이며, 청소년 정신 건강에 미치는 영향은 어떤 수준일까?

Q 소셜미디어 사용 연령을 높이는 것은 청소년 보호에 효과적일까?

Q 학교와 부모는 소셜미디어의 부정적 영향으로부터 아동과 청소년을 보호하기 위해 어떤 노력을 해야 할까?

Q 소셜미디어를 올바르게 사용하려면 어떤 교육이 이루어져야 할까?

찬반 토론 주제

소셜미디어 사용자들의 정신 건강 문제는

기업의 책임이 크다 vs **사용자 개인의 문제이다**

논술력 키우기

다음 어휘를 활용하여 자신의 생각과 의견을 글로 표현해 보세요.

폭주 매우 빠른 속도로 난폭하게 달림.

유해(有害) 해로움이 있음.

면책 책임이나 책망을 면함.

소셜미디어 기업의 사회적 책임에 대해 어떻게 생각해?

 빅테크

혁신 기술과 온라인 플랫폼을 바탕으로 다양한 서비스를 제공하는 대형 정보기술(IT) 기업을 뜻합니다. 대표적인 빅테크(Big Tech) 기업으로는 구글(알파벳), 애플, 페이스북(메타), 마이크로소프트, 아마존 등이 있습니다. 전 세계 시장에서 막강한 영향력을 행사하는 빅테크 기업들은 독과점과 데이터 수집 과정에서의 프라이버시 침해, 청소년에게 끼치는 부정적인 영향 등 해결해야 할 여러 과제를 안고 있습니다.

직업, 적성보다 '수입'이 중요?

연계 교과

도덕	자신과의 관계	5~6학년	자주적인 삶, 일의 선택 시 고려할 점
실과	인간 발달과 주도적인 삶	5~6학년	진로 발달과 직업

읽기 자료

● "직장이요? 적성보단 수입이 중요하죠"… 청소년이 답했다

2023년 11월 18일 자, 매일경제

읽기 자료 해설

10년 전엔 '적성·흥미'가 1위였는데

우리나라 청소년들이 미래 직업을 선택할 때 '수입'을 가장 중요한 요소로 꼽는 것으로 나타났습니다. 2023년 통계청 사회 조사에 따르면, 13~19세 청소년 중 35.7%가 직업을 고를 때 '수입'을 가장 중요하게 생각한다고 답했습니다. 이는 적성·흥미, 안정성, 발전성·장래성, 명예·명성 등을 앞선 것입니다. 2013년에는 '적성·흥미'가 38.1%로 직업 선택 시 가장 중요한 요소였는데요. 2019년에 '수입'이 1위를 차지한 뒤로는 해마다 그 격차가 점점 벌어지고 있습니다. 10년 전인 2013년과 비교해서 수입의 비중이 10.2%p 늘어난 반면, 적성과 흥미는 7.5%p 줄었습니다.

선호 직업군 순위도 달라져

이러한 변화는 선호하는 직업군 순위에도 영향을 미쳤는데요. 과거 안정성을 중시하여 선호도가 높았던 공무원보다 연봉이 높은 대기업이 상위권을 차지하게 된 것입니다. 2023년 조사에서 13~18세 청소년이 선호하는 직장 종류에서 대기업이 31.4%로 1위를, 국가 기관은 19.2%로 2위를 기록했습니다.

전문가들은 이러한 경향이 경제 상황 악화에 따른 금전적 필요성의 증가와 공무원 채용 규모 감소 등이 반영된 결과라고 분석했습니다. 그뿐만 아니라 대기업과 중소기업 간 임금 격차가 큰 우리나라 노동시장의 구조적 문제로 대기업 쏠림 현상이 심해진다는 지적도 이어졌습니다.

토론하기

토론 길잡이

직업 선택 시 가장 중요하게 고려해야 할 요인은 무엇인지 생각해 봅시다. 또한 직업과 진로 선택은 '나'의 자주적, 자립적 삶과 어떤 연관이 있으며, 올바른 진로 설계 및 선택을 위해 어떤 노력을 해야 하는지 이야기해 봅시다.

생각을 깨우는 질문

Q 직업을 고를 때 가장 중요하게 생각해야 할 것은 무엇일까?

Q 왜 많은 청소년이 직업 선택에서 수입이 가장 중요하다고 답했을까?

Q 10년 전에는 '적성과 흥미'가 1위였는데 2023년에는 '수입'이라고 답한 학생이 많아진 데는 어떤 배경이 있을까?

Q 오직 '경제적 안정'만을 고려해 직업을 택했을 때 어떤 문제가 생길까? 반대로 '흥미와 적성'만을 따지면 어떤 문제가 있을까?

Q 우리나라 교육 시스템은 청소년들의 직업 가치관에 어떤 영향을 끼칠까?

Q 미래의 직업은 어떻게 변화하게 될까?

찬반 토론 주제

직업을 선택할 때 경제적 안정이 **가장 중요하다** vs **그렇지 않다**

다음 어휘를 활용하여 자신의 생각과 의견을 글로 표현해 보세요.

적성   어떤 일에 알맞은 성질이나 소질.

격차   빈부, 임금, 기술 수준 등의 동떨어진 차이. 또는 서로 다른 정도.

선호   여럿 중에서 어떤 것을 특별히 좋아함.

'잘 못하지만 좋아하는 일'과 '잘하지만 좋아하지는 않는 일' 중 어떤 것을 직업으로 삼는 게 좋을까?

화장하고 명품 사는 어린이 유튜버

연계 교과

도덕	자신과의 관계	3~4학년	다른 사람의 관점에서 문제 바라보기
		5~6학년	자신의 생활을 점검하여 성찰하기
	사회·공동체와의 관계	3~4학년	디지털 사회에서 발생하는 문제의 해결

읽기 자료

● 화장하고 명품도 산다 … 초등생 유튜브, 괜찮나요?   2023년 3월 15일 자, 조선일보

읽기 자료 해설

어린 인플루언서 콘텐츠 어디까지?

읽기자료 뉴스에 나온 유튜브 영상에는 진한 화장을 한 초등학생이 친구들과 백화점에서 명품 가방을 쇼핑하고, 고급 레스토랑에서 밥을 먹고, '호캉스'를 하기 위해 특급 호텔로 향하는 장면이 담겨 있습니다. 그 영상에는 '부럽다', '나는 왜 이렇게 못생겼지'라는 또래들의 댓글이 달렸다고 하는데요. 이처럼 초·중학생이 올리는 명품 하울(haul, 구매 후기) 영상이나 뷰티 영상이 늘어나면서 콘텐츠 내용을 두고 사람들의 의견이 분분합니다.

외모에 대한 관심, 명품 소비도 점점 어려져

어린 인플루언서가 올리는 게시물이 또래들에게 외모 강박이나 사치를 부추긴다는 우려의 목소리가 나오고 있습니다. 요즘 초등학생들에게 유튜브나 틱톡의 영향력은 절대적이라서 무작정 따라 하다 보면 지나친 화장을 하거나 성형 수술의 욕구를 느끼는 등 좋지 않은 영향을 받을 수 있다는 것이죠. 실제로 청소년의 외모 관심은 초등학생까지 내려가는 추세라고 해요. 화장을 시작하거나 명품을 소비하는 나이도 점점 어려지는 현상이 뚜렷하다고 합니다.

무엇이 문제일까?

전문가들은 소셜미디어가 외모 지상주의를 심화한다고 지적합니다. 또래 동조화 심리가 강한 청소년들이 영상을 보면서 소외감을 느끼거나 자신만 뒤처진다고 생각할 수 있다는 거죠. 전문가들은 "소셜미디어는 화려해 보이는 부분을 전부로 착각하게 하는 효과가 있어 개인의 자신감과 만족감을 떨어뜨리는 부작용이 크다"라고 말하며 SNS 콘텐츠가 외모 강박과 자기 과시욕을 부추길 수 있다고 경고합니다.

토론하기

토론 길잡이

초등학생이 올리는 명품 하울 영상이나 뷰티 콘텐츠에 대해 의견을 나눠 봅시다. 이러한 콘텐츠가 또래에게 미치는 영향을 생각해 보고, 초등학생 유튜버나 인플루언서에게 어떤 콘텐츠가 적절한지 이야기해 봅시다.

생각을 깨우는 질문

Q 초등학생이 화려하게 화장하고 명품을 소비하는 콘텐츠를 어떻게 봐야 할까?

Q 이런 영상이 어린이와 청소년들의 소비문화에 어떤 영향을 끼칠까?

Q 이런 유형의 콘텐츠를 만드는 어린이의 부모나 보호자에게 책임이 있을까?

Q 어린 유튜버들이 인터넷에서 겪을 수 있는 위험은 어떤 것들이 있을까?

Q 초등학생의 유튜버 활동이 학업이나 친구 관계에 어떤 영향을 줄까?

Q SNS에 화려하고 부러움을 사는 게시물들이 주로 올라오는 까닭은 무엇일까?

Q 자존감이란 무엇일까? 진정한 자존감은 어디서 비롯되는 것일까?

찬반 토론 주제

초등학생이 올리는 콘텐츠를 **규제해야 한다** vs **개인 자율에 맡겨야 한다**

다음 어휘를 활용하여 자신의 생각과 의견을 글로 표현해 보세요.

강박   어떤 생각이나 감정에 사로잡혀 심리적으로 강하게 압박을 느낌.

외모 지상주의   외모에 가치의 중심을 두는 사고방식.

과시욕   자랑하거나 뽐내고 싶은 욕심.

SNS가 보여주는 세계를 어디까지 믿어야 할까?

'만 나이' 잘 정착할까?

연계 교과

도덕	자신과의 관계	3~4학년	자신에 대한 탐구
실과	인간 발달과 주도적인 삶	5~6학년	아동기 발달과 자기이해, 건강한 발달을 위한 자기 관리

읽기 자료

● "올해 서른이네? 아니 스물여덟인데"… '만 나이' 첫 새해 혼란 여전

2024년 1월 5일 자, 뉴스1

읽기 자료 해설

나이 셈법 혼란 줄이기 위해 '만 나이 통일법' 시행

2023년 6월 28일부터 '만 나이 통일법'이 본격 시행되었습니다. 그동안 '만 나이'는 민법, 행정 등 특정 용도로만 사용되었는데요. 그러다 보니 나이 관련 행정상 민원이 발생하거나 나이 해석을 둘러싼 법적 분쟁이 발생하는 등 사회적으로 여러 문제가 많았습니다. 이에 만 나이를 한국의 표준 나이 계산법으로 지정하고 일상생활에서의 사용을 명문화함으로써 나이 셈법에 대한 혼란을 줄이기 위한 목적으로 '만 나이 통일법'을 도입했습니다. 사실 나이 통일 문제는 오랜 논란거리였는데요. 한국의 나이 계산법이 '세는 나이'와 '만 나이', '연 나이'

가 혼용된 방식으로 사용되었기 때문입니다. 심지어 현행법에서조차 만 나이와 연 나이를 헷갈리게 적용하는 등 혼란이 빚어지기도 했고요.

여전히 새해 기준으로 한 살 더하는 셈법 선호?

그러나 여전히 많은 사람이 1월 1일을 기준으로 한 살씩 더하는 '세는 나이'를 사용하는 등 각자 선호하는 방식으로 나이를 계산하는 상황이 벌어지고 있습니다. 법제처가 성인남녀 2만 2천여 명을 대상으로 만 나이에 대한 인식을 조사한 결과 상대방이 만 나이를 사용하지 않아 아직 어색하고 조심스럽다고 답한 비율이 무려 51.5%에 달했다고 하는데요. 주변 사람들이 만 나이를 사용하지 않아 어쩔 수 없이 세는 나이를 쓴다고 말한 사람들이 많았고, 일부는 상황에 따라 만 나이와 세는 나이를 혼용해서 사용한다고 답했습니다.

토론하기

토론 길잡이

'나'와 우리 가족 나이를 '만 나이'로 계산해 보고, 나이를 세는 기준을 통일하는 것이 왜 필요한지, 사회적으로 어떤 의미가 있는지 생각해 봅시다. 또 '만 나이 통일법'에 따른 새로운 나이 계산법이 대인 관계에 어떤 영향을 미치는지 이야기해 봅시다.

생각을 깨우는 질문

Q 만 나이를 사용하지 않으면 법을 어기는 걸까?

Q 나이 세는 기준을 통일해야 하는 이유는 무엇일까?

Q 나이 세는 기준을 바꾸는 것은 사회에 어떤 영향을 끼칠까?

Q 만 나이가 우리 사회에 잘 정착하려면 어떤 노력이 필요할까?

Q 나이는 '나'를 설명할 때 얼마나 중요한 요소일까?

Q 대인 관계를 맺을 때 '나이'는 중요한 기준이 될 수 있을까?

찬반 토론 주제

만 나이 통일은 여러모로 **편리하다** vs **불편하다**

논술력 키우기

다음 어휘를 활용하여 자신의 생각과 의견을 글로 표현해 보세요.

시행 법률적으로 어떤 법령을 국민에게 널리 알린 뒤에 그 효력을 실제로 발생시키는 일.

명문화 어떤 사실을 문서로 명확히 밝힘.

혼용 서로 다른 것을 구별하지 않고 한데 섞어 씀.

만 나이로 계산하면 같은 반 친구들끼리 나이가 달라지는데 이럴 때 호칭은 어떻게 해야 할까?

 '나이 셈법'에 따른 나이 계산

세는 나이 '만 나이 통일법' 이전 일상에서 흔히 사용된 방식으로 출생일로부터 한 살이 되고 다음 해 1월 1일이 되면 한 살씩 증가하는 계산법.

만 나이 출생일은 0세로 하고 생일마다 한 살씩 증가하는 계산법.

연 나이 현재 연도에서 출생 연도를 빼는 계산법으로 병역법, 청소년보호법, 초중등교육법 등에서 사용되었음.

디지털 독서가 독해력에 도움이 될까?

연계 교과

국어	읽기	1~6학년	글의 중심 내용 확인하기, 중심 생각 파악하기, 글의 구조 파악하기
	매체	3~6학년	상황 맥락, 사회·문화적 맥락

읽기 자료

- "디지털 독서, 종이책 읽을 때만큼 독해력 향상 안 돼"

2023년 12월 14일 자, 동아사이언스

읽기 자료 해설

디지털 독서 VS 종이책 독서

독서가 독해력을 높여준다는 사실은 의심의 여지가 없는데요. 하지만 디지털 기기를 이용한 독서는 오히려 독해력을 떨어뜨린다는 분석이 나와 눈길을 끌고 있습니다. 스페인 발렌시아대학의 연구팀은 디지털 기기를 이용한 독서가 종이책 독서와 비교해 독해력 향상에 덜 효과적이라는 연구 결과를 발표했습니다.

초·중등생 독해력에 부정적 영향

특히 초등학생과 중학생의 독해력에 디지털 독서가 부정적인 영향을 끼치는 것으로 나타났습니다. 고등학생과 대학생에게는 긍정적인 효과가 약간 있었고요.

원래 연구팀은 독서 빈도와 독해력의 긍정적 연관성을 조사한 선행 연구들을 토대로 디지털 독서 역시 독해력에 긍정적인 효과를 줄 것으로 기대했으나, 전혀 다른 결과가 나온 겁니다. 선행 연구를 종합한 결과 연구팀은 종이책 독서가 독해력 향상에 있어 디지털 독서보다 6~8배 정도 더 효과적일 것으로 예측했습니다.

디지털 독서가 덜 효과적인 이유

디지털 독서가 종이책만큼 독해력 향상에 효과가 없는 이유로 연구팀은 다음 두 가지 요인을 꼽았습니다. 첫째, 디지털 기기는 글을 읽을 때 주의를 산만하게 하는 광고를 포함하고 있다는 점입니다.
둘째, 온라인상의 글이 종이책보다 어휘나 내용 면에서 덜 정교하다는 겁니다. 따라서 교육자와 학부모가 어린 학생들에게 인쇄물로 된 글을 읽도록 권장해야 하며, 디지털 환경을 아날로그 환경으로 되돌릴 수 없는 만큼 새로운 환경에서의 올바른 독서 방법을 마련해야 한다고 조언합니다.

토론하기

토론 길잡이

'나'의 경험을 떠올리면서 글을 읽을 때 종이책과 디지털 독서가 어떤 차이가 있는지, 각 매체가 지닌 장단점은 무엇인지 이야기해 봅시다. 나아가 인터넷 매체를 대할 때 우리의 태도와 건강한 소통 방식에 대해서도 의견을 나눠 봅시다.

생각을 깨우는 질문

Q 디지털 독서를 통한 독해력 효과가 연령별로 다르게 나타나는 이유는 무엇일까? 특히 초·중학생에게서 부정적 영향을 미치는 까닭은 무엇일까?

Q 디지털 독서가 독해력 향상에 도움이 되지 않는 이유는 무엇일까?

Q 독해력이 부족하면 어떤 문제들이 생길까?

Q 디지털 시대에 효과적인 독서법은 무엇일까?

Q 디지털 환경에서 인터넷 매체 정보를 대하는 올바른 태도는 무엇일까?

찬반 토론 주제

고도로 디지털화한 먼 미래에 종이책은 **사라질 것이다** vs **사라지지 않을 것이다**

다음 어휘를 활용하여 자신의 생각과 의견을 글로 표현해 보세요.

독해력 글을 읽어서 뜻을 이해하는 능력.

향상 실력이나 기술 등이 이전보다 더 나아지거나 높아짐.

산만하다 어수선하여 질서나 통일성이 없다.

정교하다 솜씨나 기술 따위가 정밀하고 뛰어나다.

‘나’의 경험을 바탕으로 디지털 독서와 종이책 독서를 비교하여 각각 어떤 장단점이 있는지 말해 볼까?

Part 2

문제 해결력과
융합적 사고를 기르는
토론 주제

돈 대신에 레몬 받아요

연계 교과

사회	경제	3~4학년	자원의 희소성, 생산과 소비 활동
		3~6학년	경제 활동의 자유 존중
	자연환경과 인간생활	5~6학년	다양한 자연환경과 인간 생활, 기후 변화

읽기 자료

● "돈 대신 레몬으로 결제 가능합니다"…페루 레몬값 폭등 논란

2023년 9월 11일 자, 서울신문

읽기 자료 해설

돈 대신에 레몬으로 거래

2023년 9월 페루에서 있었던 일입니다. 페루 수도 리마의 한 전자제품 매장이 돈 대신에 레몬을 받기 시작하면서 소셜미디어에서 크게 화제가 되었습니다. 실제로 매장 앞에는 "레몬으로 결제 가능합니다"라는 인쇄물이 설치되어 있었다고 해요. 해당 매장의 매니저는 언론과의 인터뷰에서 "고객이 내는 레몬을 다시 판매할 수도 있고, 직원들에게 월급 대신 줄 수도 있어 아무 문제가 없다"라고 말했습니다. 현지 SNS에서는 '레몬 화폐'의 등장에 유쾌한 반응들이 잇따랐습니다.

페루에서 레몬의 가치가 그 정도라고?

레몬은 페루 식탁에서 절대 빠질 수 없는 식재료라고 해요. 그런데 2023년 4월한 달 내내 많은 비가 내리면서 레몬 농가가 큰 손해를 입었다고 합니다. 그 탓에 일부 지역에서는 레몬 가격이 최고 5배까지 폭등했을 정도입니다. 레몬 가격상승과 관련된 사건이 또 있었는데요. 페루 정부가 나서 '세비체' 소비를 줄이자고 제안한 겁니다. 이에 세비체 업체는 크게 반발하며 정부를 비판했습니다. 세비체는 생선이나 해산물 등을 레몬즙에 재워 조리하는 중남미 대표 요리로, 페루는 세비체를 국가적 자부심으로 여길 정도라고 해요. 국제 경제 분야의 최대이슈가 된 레몬 가격 폭등을 두고 페루 언론은 엘리뇨가 비정상적으로 많은 폭우를 몰고 와 레몬 농사를 망쳤기 때문이라고 보도했습니다.

토론하기

토론 길잡이

생산과 소비라는 기본적인 경제 활동, 시장 가격의 결정 등은 자원의 희소성과 어떤 연관이 있는지 생각해 보고, 기후 변화 같은 자연적 요소가 경제에 미치는 영향에 대해서도 이야기해 봅시다.

생각을 깨우는 질문

Q '레몬 화폐'의 사용은 어떤 문제를 일으킬까?

Q 우리나라에 비슷한 상황이 생긴다면 어떤 물건이 화폐를 대신할 수 있을까?

Q 자원의 희소성과 가격은 어떤 관계가 있을까?

Q 현재 사용되는 결제 수단에는 어떤 것들이 있을까? 각각의 장단점은 무엇일까?

Q 현대 사회가 다시 '물물 교환' 시대로 돌아간다면 어떤 일이 생길까?

Q 미래에는 어떤 새로운 결제 수단이 생겨날까?

Q 기후 위기는 각 나라의 경제 상황에 어떤 영향을 끼칠까?

찬반 토론 주제

레몬 같은 특정 물건을 화폐 대신 사용하는 것은 **가능하다** vs **불가능하다**

논술력 키우기

다음 어휘를 활용하여 자신의 생각과 의견을 글로 표현해 보세요.

거래 무언가를 주고받거나 사고파는 것.
결제 물건값 등을 주고받아 사고파는 사람들 사이의 거래를 끝맺는 일.
폭등 물건값이나 주가 등이 갑자기 크게 오름.

화폐(돈)이 생겨나지 않았다면 현재 우리 삶은 어떤 모습일까?

 '엘니뇨'와 '라니냐'

엘니뇨(El Niño)는 스페인어로 '어린 소년'이라는 뜻으로 바닷물 온도가 올라가는 현상을 말합니다. 상승한 수온은 바람과 비의 패턴을 바꿔서 몇몇 지역에는 많은 비를 뿌리고 다른 곳에는 가뭄이 들게 합니다.
라니냐(La Niña)는 스페인어로 '어린 소녀'라는 뜻으로 엘니뇨와 반대로 바닷물 온도가 평소보다 차가워지는 현상을 말합니다. 이 차가운 물은 엘니뇨 때와 다른 방식으로 날씨에 영향을 주며, 어떤 지역에서는 비가 적게 오고, 다른 지역에서는 추운 날씨가 이어질 수 있어요.
이 두 현상은 지구 날씨에 큰 영향을 미치고, 농사나 어업에 큰 손해를 입히기도 합니다.

살인마가 된 미키마우스

연계 교과

국어	듣기·말하기	1~2학년	경험과 배경지식 활용하기
		3~4학년	원인과 결과 파악하기, 적절한 의견과 이유 제시
		5~6학년	주장, 이유, 근거의 타당성, 청자와 매체 고려하기
실과	기술적 문제 해결과 혁신	5~6학년	지식 재산권의 중요성, 지식 재산 보호에 대한 인식

읽기 자료

● 곰돌이 푸에, 미키마우스까지 … 살인마된 캐릭터에 디즈니 대응은?

2024년 1월 3일 자, SBS 뉴스

읽기 자료 해설

공포물로 돌아온 미키마우스

미키마우스 가면을 쓴 살인마가 등장하는 공포 영화 〈미키스 마우스 트랩(Mickey's Mouse Trap, 미키의 쥐덫)〉이 개봉합니다. 이 영화에 앞서 지난 2024년 1월 1일에는 미키마우스가 등장하는 공포 비디오 게임도 출시되었습니다. 이런 일이 가능한 이유는 미키마우스가 처음 등장한 1928년작 〈증기선 윌리〉의 저작권이 미국 저작권법에 따라 2024년 1일 1일로 끝났기 때문입니다. 이로써 누구나 자유롭게 〈증기선 윌리〉에 나오는 미키마우스 캐릭터를 복사·공유·재사용·각색할 수 있게 된 것이죠. 그러나 〈증기선 윌리〉는 흑백 애니메이션으로 우리에게 익숙한 빨간 반바지에 흰 장갑을 낀 지금의 미키마우스 저작권은 여전히 디즈니 소유입니다. 저작권 만료에 따른 2차 창작

물이 쏟아져 나올 것으로 예상되는 가운데 디즈니는 미키마우스 캐릭터의 무단 사용으로 인한 소비자 혼란을 방지하기 위해 노력하겠다고 입장을 밝혔습니다.

공포물 주인공이 된 또 다른 캐릭터들

미키마우스 전에 이미 공포물에 등장한 유명한 캐릭터가 있습니다. 바로 '곰돌이 푸'입니다. 지난 2023년 4월 국내에서도 개봉한 〈곰돌이 푸: 피와 꿀〉은 2022년 1월 A.A. 밀른의 원작 동화 《곰돌이 푸(Winnie the Pooh)》의 저작권이 소멸하면서 제작된 공포 영화입니다. 이 영화는 흥행에 성공하여 속편을 계획 중인데, 곧 저작권이 소멸하는 또 다른 캐릭터인 '티거'도 영화에 나온다고 합니다. 이 외에도 2024년 1월 1일 자로 저작권이 만료된 '피터팬'과 지난 2021년 저작권이 만료된 '아기사슴 밤비' 역시 공포물로 제작될 예정이라고 하네요. 다만 '피터팬'은 디즈니의 캐릭터가 아닌 제임스 매슈 배리의 원작 동화의 저작권이 만료된 것으로 디즈니의 피터팬 시리즈는 여전히 저작권 보호를 받습니다.

토론하기

토론 길잡이

우리에게 익숙한 미키마우스나 곰돌이 푸를 떠올리며 캐릭터 변형과 이야기의
재창조를 주제로 찬반 토론을 해 봅시다. 아울러 저작권 보호가 필요한 이유와
저작권 보호 기간에 대해서도 의견을 나눠 봅시다.

생각을 깨우는 질문

Q 귀엽고 친근한 캐릭터를 공포 영화의 주인공으로 만드는 제작자의 의도는 무엇
일까?

Q 괴물이 된 캐릭터의 등장은 사회에 어떤 영향을 끼칠까?

Q 저작권이 만료된 캐릭터가 등장하는 공포물 제작을 막아야 할까?

Q 저작권을 보호해야 하는 이유는 무엇일까?

Q 저작권이 무한이 아니라 일정 기간만 보호받는 이유는 무엇일까?

찬반 토론 주제

공포물의 주인공으로 변한 캐릭터, **상상은 자유다** vs **동심 파괴는 안 된다**

다음 어휘를 활용하여 자신의 생각과 의견을 글로 표현해 보세요.

저작권 문학, 예술, 학술에 속하는 창작물에 대한 저작자 혹은 대리인의 권리.

각색 어떤 작품을 다른 장르의 작품으로 고쳐 쓰는 일. 또는 상대방에게 강한 인상이나 흥미로움을 주기 위해 어떤 사실을 고치거나 바꾸는 것.

무단 사전에 허락이 없음.

소멸 사라져 없어짐.

원작 이야기가 있는 캐릭터를 변형하거나 재창조하는 행위는 어디까지 허용되어야 할까?

목숨 건 초호화 익스트림 관광이 인기라고?

연계 교과

사회	사회·문화	3~4학년	다양한 문화의 확산 및 효과의 문제
실과	생활환경과 지속가능한 선택	5~6학년	안전한 생활을 실천하는 태도

읽기 자료

● 식인 상어 체험, 우주 나들이에 거액 '펑펑'… '익스트림 관광' 붐

2023년 6월 22일 자, mbc 뉴스

읽기 자료 해설

비극적 사고, 타이탄 잠수정 폭발

2023년 6월 18일, 해저 4,000m 아래 가라앉아 있는 타이타닉호 잔해를 둘러보기 위해 관광에 나선 심해 잠수정 타이탄호가 잠수 후 1시간 45분 만에 연락이 끊기고, 결국 탑승자 전원이 사망하는 사건이 벌어졌습니다. 심해의 압력을 견디지 못해 폭발한 것으로 추정되는 이 잠수정에는 영국의 억만장자 사업가 겸 탐험가, 파키스탄의 한 대형 비료회사 부회장과 그의 아들 등 5명의 슈퍼 리치들이 타고 있었다고 합니다. 이번 잠수정 관광은 8일 동안 심해 해저 협곡과 난파선들을 둘러보는 상품으로 1인당 25만 달러, 우리 돈으로 약 3억 4,000만 원 정도가 드는 초호화 익스트림 관광 상품으로 알려졌습니다.

거액을 쓰며 위험한 여행에 줄을 서는 부자들

요즘 부자들 사이에서 안전하지도 않고, 비용도 비싼 익스트림 관광이 엄청난 인기를 끌고 있다고 해요. 미국 우주 관광 기업인 액시엄 스페이스는 8일간 우주선을 타고 우주정거장을 체험하는 여행 상품을 내놓았는데요. 미국 부동산 투자가와 캐나다 금융가, 이스라엘 기업인 등이 참가했는데, 이들이 낸 비용은 1인당 5,500만 달러, 우리나라 돈으로 약 700억 원에 달하는 엄청난 금액이었다고 합니다. 우주 상공에서 무중력 상태를 단 몇 분간 체험하고 돌아오는 또 다른 상품의 가격은 45만 달러(약 6억 원)라고 하네요.

안전 문제는 없을까?

문제는 안전사고로 이어질 확률도 그만큼 높다는 것입니다. 실제로 멕시코 과달페루 앞바다에서는 백상아리가 관광객들이 탄 철창 안으로 뛰어들면서 상어가 죽고 관광객들이 혼비백산하는 일이 있었습니다. 또 뉴질랜드에서는 배를 타고 활화산을 관람하던 중에 화산이 갑자기 폭발해 여러 명의 관광객이 사망하는 사고도 있었다고 해요. 희귀한 경험을 원하는 부자들은 익스트림 관광에 열광하지만, 자기만족이나 재미를 위해 거액을 쏟아붓는 갑부들을 비판하는 목소리도 적지 않습니다.

토론하기

토론 길잡이

안전이 보장되지 않는 위험한 익스트림 관광을 문화 체험으로 봐야 하는지, 아니면 적절한 규제가 필요한 일인지 논의해 봅시다. 또 희귀한 경험에 사람들이 열광하는 이유, 경험의 가치에 대해서도 생각해 봅시다.

생각을 깨우는 질문

Q '돈을 주고도 못 살 경험'이라는 말은 무슨 뜻일까?

Q 초호화 익스트림 관광에 나선 사람들은 비판받아야 할 대상일까?

Q 죽음에 이를 수도 있는 극단적인 모험이나 관광이 인기를 끄는 이유가 뭘까? 특히 부자들이 열광하는 이유는 무엇일까?

Q 초호화 익스트림 관광은 환경에 어떤 영향을 끼칠까?

Q '가치가 있는' 체험과 '가치 없는' 체험은 어떤 기준으로 판단할 수 있을까?

찬반 토론 주제

안전이 보장되지 않는 체험이나 관광은 **규제해야 한다** vs **개인의 선택에 맡겨야 한다**

다음 어휘를 활용하여 자신의 생각과 의견을 글로 표현해 보세요.

익스트림 관광 '극한적'이라는 뜻의 익스트림이 붙어 위험과 스릴을 즐기는 여행을 말함.

초호화 매우 사치스럽고 화려함.

갑부 첫째가는 큰 부자.

'위험할 수 있는 익스트림 관광 상품은 판매하지 말아야 한다'는 의견에 대해 어떻게 생각해?

죽은 반려견이 돌아왔어요

연계 교과

도덕	자연과의 관계	3~4학년	생명의 소중함, 생명 경시
과학	생명	3~4학년	생명과학과 우리 생활
		3~6학년	생명 현상 관련 문제의 인식 및 해결, 과학 활동의 윤리성

읽기 자료

- 1억 들였더니 "되살아난 내 새끼"… 유튜버 고백에 '발칵'   2024년 1월 13일 자, 한국경제

읽기 자료 해설

죽은 반려견의 재탄생

약 20만 명의 구독자를 보유한 한 유튜버가 1년 전 숨진 반려견을 복제해 2마리 개를 얻었다는 사실을 밝히면서 논란이 일었습니다. 반려견 복제에는 1억 원이상의 비용이 들었는데, 2마리 모두 죽은 반려견의 DNA와 99% 일치하는 것으로 알려졌습니다. 이를 두고 일부는 반려견 복제에 큰 관심을 보였고, 또 다른일부는 부정적인 반응을 보였습니다. 비판이 이어지자 해당 유튜버는 "복제 반려견을 죽은 반려견과 동일시하고 있지 않다"라고 설명하기도 했어요.

동물 보호 단체, 반려견 복제 업체 고발

반려견 복제는 숨진 반려견에게서 채취한 체세포를 대리모견에게 이식하는 방식으로 이루어집니다. 이 과정에서 큰 비용이 드는 것도 문제지만, 동물 복제 자체가 생명 윤리에 어긋나는 행위라며 거센 비판을 받고 있습니다. 더구나 1마리의 반려견을 복제하기 위해서는 적어도 10마리 이상의 대리모견이 필요한 것으로 알려져 동물 학대라는 지적도 나오고 있습니다.

동물자유연대는 이 유튜버가 복제를 의뢰한 업체가 동물보호법을 위반했다는 점을 들어 법적 책임을 묻기로 했습니다. 이를 두고 대한수의사회 회장은 반려견 복제가 법적으로 불법은 아니지만, 생명을 경시하는 현상이 생길 수 있다고 지적하며 이에 대한 사회적 합의와 논의가 필요하다고 강조했습니다.

토론하기

토론 길잡이

반려동물을 또 다른 가족으로 생각하는 시대에 반려동물 복제를 어떻게 바라봐야 하는지 생명 존중과 생명과학 기술의 발전 측면에서 이야기해 봅시다.

생각을 깨우는 질문

Q DNA가 99% 일치하는 복제 반려견을 죽은 반려견이 살아 돌아온 것이라고 표현해도 괜찮을까?

Q 반려동물 복제를 허용한다면 동물권과 동물복지에 어떤 영향을 미칠까?

Q 복제를 통해 생성된 생명의 가치는 어떻게 평가받아야 할까? 자연적으로 태어난 동물과 차이를 두어야 할까?

Q 반려동물 복제는 생명 경시 현상과 어떤 관련이 있을까?

Q 반려동물 복제는 생물 다양성에 어떤 영향을 끼칠까?

Q 생명 복제 기술의 발전이 가져올 긍정적, 부정적 결과에는 어떤 것들이 있을까?

찬반 토론 주제

법적으로 문제가 없다면 반려동물 복제를 **허용해야 한다** vs **금지해야 한다**

다음 어휘를 활용하여 자신의 생각과 의견을 글로 표현해 보세요.

복제   본래의 것과 똑같은 것을 만듦. 또는 그렇게 만든 것.

채취   연구나 조사에 필요한 것을 찾거나 받아서 얻음.

경시(輕視)   대수롭지 않게 보거나 업신여김.

사랑하는 반려동물과의 이별을 받아들일 수 없어 복제를 선택한 것을 치유의 과정으로 볼 수 있을까?

 펫로스 증후군

가족처럼 지내던 반려동물의 사망으로 슬픔, 상실감, 죄책감 등에 시달리는 것을 말합니다. 미국 수의사회에 따르면 사랑하는 반려동물이 죽은 후 느끼는 슬픔은 실제로 가족 구성원이나 절친을 잃었을 때의 슬픔과 비슷하다고 해요. 전문가들은 충분한 애도의 시간을 갖고 가족이나 슬픔을 헤아릴 수 있는 사람들과 감정을 공유하며 반려동물을 추억하는 식으로 펫로스 증후군(Pet Loss Syndrom)을 극복하는 것이 좋다고 조언합니다.

'개 식용 금지법' 통과, 드디어 논쟁 끝?

연계 교과

사회	법	5~6학년	법의 적용 사례, 법의 의미와 역할
도덕	자연과의 관계	3~4학년	생명 경시 사례, 생명에 대한 존중

읽기 자료

● "역사적 순간" vs "명백한 위헌"… 개식용 금지법 통과에 엇갈린 희비

2024년 1월 9일 자, 이데일리

● 개식용 금지가 불러온 '동물권'… 산천어·소싸움도 '정조준'

2024년 1월 14일 자, 서울경제

읽기 자료 해설

개 식용 금지법이란?

2024년 1월 9일 오랜 논쟁거리였던 '개 식용 금지법'이 국회 본회의를 통과했습니다. 이 법안은 식용을 목적으로 개를 사육 또는 증식하거나 도살하는 행위, 개나 개를 원료로 조리·가공한 식품을 유통 및 판매하는 행위를 금지하는 내용이 주를 이루고 있습니다. 또한 식용견 종사자들이 폐업 또는 다른 업종으로 전환하는 것을 국가나 지방 자치 단체가 지원하는 내용도 담겨 있습니다. 이 법은 3년간의 유예 기간을 거친 뒤 적용됩니다.

동물 단체 '환영' vs 육견협회 '반발'

법안이 통과된 후 동물 보호 단체들은 일 제히 환호했습니다. 또한 '동물 희생의 최소화', '동물과 올바르게 공존하는 방 식' 등을 강조하며 앞으로도 동물권을 위 해 노력할 뜻을 내비쳤습니다. 한편 육견 협회 측은 "식용개 사육농민과 종사자들

이 직업 선택의 자유와 재산권을 강탈당했다"며 모든 수단을 동원해 생존권 사 수를 위해 싸울 것이라고 강하게 반발했습니다.

산천어축제, 소싸움도 폐지하라?

'개 식용 금지법'이 통과된 후 동물권 보호에 대한 목소리가 확대되고 있습니다. 이를 계기로 시민 단체들이 겨울철 대표 축제로 손꼽히는 화천 산천어축제와 지 역 명물인 청도 소싸움까지 없애야 한다고 주장하고 있는 겁니다. 하지만 지방 자치 단체들은 지역 홍보와 경제 활성화를 이유로 관련 예산을 늘리고 있어 동 물권 보호를 두고 갈등이 커지고 있습니다.

토론하기

토론 길잡이

법은 개인의 행위를 규제하기도 하지만 보호장치가 되기도 합니다. 법적으로 '개 식용 금지법'은 어떤 의미가 있고, 어떤 역할을 하게 되는지 찬반 양측의 입장에서 생각해 봅시다. 또 동물권 확대와 그로 인해 어떤 갈등이 생길지도 이야기해 봅시다.

생각을 깨우는 질문

Q '개 식용 금지법'에 대해 어떻게 생각해?

Q 개 식용 관련업에 종사해 온 사람들에게 이 법은 경제적으로 어떤 영향을 미칠까? 정부는 이들을 어떻게 지원해야 할까?

Q 법을 제정할 때 유예 기간을 두는 이유는 무엇일까?

Q 이 법이 우리나라의 동물 보호 및 복지에 어떤 변화를 가져올까?

Q 전통 축제나 지역 행사가 동물권과 충돌할 때 어떻게 해결하면 좋을까?

Q 지역 경제와 문화를 살리면서 동물권도 보호할 방법이 있을까?

찬반 토론 주제

개 식용을 법적으로 금지하는 것은 **필요하다** vs **지나치다**

논술력 키우기

다음 어휘를 활용하여 자신의 생각과 의견을 글로 표현해 보세요.

사육   어린 가축이나 짐승이 자라도록 먹여 기름.

동물권   동물에게 주어지는 기본적인 권리.

폐지   실시해 오던 제도나 법규, 일 등을 그만두거나 없앰.

'산천어축제, 소싸움 등 동물을 이용한 지역 축제를 없애야 한다'는 주장에 대해 어떻게 생각해?

비둘기에게 '불임 모이'를 주자고?

연계 교과

도덕	자연과의 관계	3~4학년	생명의 소중함, 생태 감수성
사회	인문환경과 인간생활	3~6학년	도시 문제 파악 및 해결 방안 탐구
과학	생명	3~4학년	동물의 한살이, 다양한 환경에 사는 동물과 식물

읽기 자료

● 도심 비둘기에 '불임 모이' 주자?……"참새·직박구리도 위험"

2024년 3월 15일 자, 동아사이언스

읽기 자료 해설

비둘기에게 먹이를 주면 과태료를 내야 한다고?

일부 동물 보호 단체가 비둘기에게 먹이를 주면 과태료를 무는 법안에 반대하며 '불임 모이'를 주자고 제안했습니다. 이에 국내 생태학자들은 불임 모이가 생태계에 미칠 영향을 우려하고 있습니다. 지난해 12월 국회 본회의를 통과한 '야생생물 보호 및 관리에 관한 법률(야생생물법)' 개정안은 야생동물에게 먹이를 주는 행위를 금지하거나 제한하는 규정과 위반 시 과태료를 부과할 수 있다는 내용이 담겨 있습니다. 비둘기 같은 야생동물로 불편함을 호소하는 시민이 늘면서 이루어진 조치로 이 개정 법안은 내년부터 시행됩니다.

비둘기를 굶겨 죽이는 대신에 '불임 모이'를 주자

동물 보호 단체들은 야생생물법 개정안이 '비둘기를 굶겨 죽이는 법'이라고 반발하며 법안 철회를 촉구하는 시위를 벌이고 있습니다. 이들 단체는 모이를 주되, 피임약처럼 비둘기들의 번식을 막을 수 있는 '불임 모이'를 주자고 말합니다. 이미 스페인, 미국 등지에서 불임 모이를 주어 비둘기 수를 줄이는 데 효과를 봤다는 겁니다. 실제로 캐나다 토론토는 불임 모이로 비둘기 개체 수를 조절하는 실험을 진행 중이고, 미국 하와이에서도 야생 닭의 개체 수를 조절하기 위해 불임 모이를 도입하자는 움직임이 있었다고 해요.

생태계 교란 우려, 먹이를 주는 행위를 자제해야

환경부와 생태학자들은 불임 모이가 생태계에 부정적인 영향을 줄 수 있다며 반대합니다. 비둘기뿐만 아니라 다른 중소형 조류에게도 치명적인 데다가 생태계에 불필요한 교란을 일으킬 수도 있다는 겁니다. 이에 동물 보호 단체는 정해진 시간과 장소에서만 불임 모이를 주면 문제가 없다는 입장입니다. 그러나 인위적으로 번식을 막는 것은 비둘기에게 잔인한 일이고, 또 개체 수 조절을 위해 주기적으로 불임 모이를 제공해야 한다는 점에서 실효성이 떨어진다는 지적도 있습니다. 생태학자들은 비둘기가 자연적으로 먹이를 찾아 생존할 수 있도록 사람들이 음식을 주는 행위를 자제해야 한다고 말합니다.

토론하기

토론 길잡이

비둘기에게 '불임 모이'를 주자는 동물 보호 단체와 생태계 교란을 일으킬 수 있는 '불임 모이'에 반대하는 생태학자, 양측의 입장을 고려하여 토론해 봅시다. 아울러 도심 속 비둘기로 생기는 문제는 어떤 것들이 있으며, 이를 해결할 방법에 대해서도 논의해 봅시다.

생각을 깨우는 질문

Q 비둘기는 유해 동물일까?

Q 도심 속 비둘기는 어떤 피해를 주는가?

Q 불임 모이를 주자는 의견에 대해 어떻게 생각해?

Q 불임 모이는 비둘기와 생태계에 어떤 영향을 줄까?

Q 비둘기의 개체 수를 조절할 다른 방법은 없을까?

Q 비둘기와 인간이 건강하게 공존할 수 방법은 어떤 것들이 있을까?

찬반 토론 주제

비둘기에게 먹이를 주는 행위를 **법적으로 금지해야 한다** vs **자율에 맡겨야 한다**

다음 어휘를 활용하여 자신의 생각과 의견을 글로 표현해 보세요.

생태계 어느 환경 안에서 사는 생물군과 그 생물들을 제어하는 제반 요인을 포함한 복합 체계.

섭취 영양소나 양분 등을 몸 안에 받아들임.

교란 마음이나 상황 따위를 흔들어서 어지럽고 혼란하게 함.

비둘기에게 먹이를 주는 행위는 비둘기 번식과 어떤 관계가 있으며, 비둘기 개체 수가 증가하면 어떤 문제가 생길까?

한국인 과학자 스마트 변기로
이그노벨상 수상

연계 교과

과학	과학과 사회	3~6학년	일상생활에서 과학과 기술, 과학의 유용성
실과	기술적 문제 해결과 혁신	5~6학년	발명의 의미와 발명품, 기술적 문제 해결과 발명 사고 기법

읽기 자료

- "스마트 변기 발명 한국인 과학자, 올해 이그노벨상 수상   2023년 9월 15일 자, 연합뉴스

읽기 자료 해설

스마트 변기로 이그노벨상 수상

사람의 항문 모양으로 신원을 구별하고 배설물 상태를 실시간으로 분석해 질병을 진단하는 스마트 변기를 개발한 한국인 과학자가 2023년 올해의 이그노벨상을 받았습니다. 이그노벨상은 노벨상이라는 단어와 '품위 없는'이라는 뜻을 지닌 이그노블(Ignoble)이 합쳐진 이름의 상으로 매년 노벨상 발표에 앞서 기발하고 재미있는 과학 연구에 수여됩니다. 화학, 지질학, 문학, 기계공학 등 10개 분야에 걸쳐 수상자를 발표하는데, 이중 공공보건 분야에서 스탠퍼드 의대 소속 과학자인 박승민 박사가 수상자로 선정된 것입니다.

스마트 변기에 어떤 기능이?

'스탠퍼드 변기'라는 이름의 이 똑똑한 변기는 대변의 모양을 분석하여 암이나 과민성 대장증후군 등의 질병 징후를 찾아내고, 소변에서 비정상적인 성분을 확인할 수 있는 기능을 갖추고 있다고 해요. 여러 사람이 사용해도 각 사용자를 구별할 수 있고, 장기간 추적 관찰도 가능하다고 합니다. 수상 후 박승민 박사는 언론과의 인터뷰에서 "가장 개인적 공간으로 여겨지는 화장실은 우리 건강의 조용한 수호자가 될 잠재력을 가지고 있다"라고 말했습니다.

한국인 수상자가 처음이 아니다?

우리나라 이그노벨상 수상자는 스마트 변기를 개발한 박승민 박사가 처음이 아닙니다. 이전에 4명이 더 있습니다. '향기 나는 양복'을 개발한 FnC 코오롱의 권혁호(1999년, 환경보호상), 1960년부터 1997년까지 3만 6천 쌍을 결혼시킨 문선명 교주(2000년, 경제학상), 세계 종말을 '열정적으로' 예측해 수학적 추정의 조심성을 알려준 이장림 목사(2011년, 수학상 공동수상), 커피잔을 들고 다닐 때 커피를 쏟는 현상을 연구한 한지원(2017년, 유체역학상) 등이 그 주인공들입니다.

토론하기

토론 길잡이

질병을 확인하고 예방하는 과학 기술과 발명품은 우리 일상과 인류의 미래에 어떤 영향을 미칠지 생각해 봅시다.

생각을 깨우는 질문

Q 질병을 확인해 주는 스마트 변기는 일상생활에 얼마나 유용할까?

Q 이 기술의 가치는 어느 정도일까?

Q 한국인 과학자가 스마트 변기를 개발하게 된 배경을 추측해 볼까?

Q 왜 '스탠퍼드 변기'가 이그노벨상을 받았을까?

Q 노벨상을 패러디한 이그노벨상을 만든 이유는 무엇일까?

Q 혁신적인 발명은 어디서 시작되는 것일까?

찬반 토론 주제

과학 기술의 발전은 **인간을 이롭게 한다** vs **늘 그렇지 않다**

다음 어휘를 활용하여 자신의 생각과 의견을 글로 표현해 보세요.

기발하다 유달리 재치가 뛰어나다, 진기하게 빼어나다.

징후 겉으로 나타나는 낌새.

잠재력 겉으로 드러나지 않고 숨겨져 있는 힘.

새로운 발견과 창의적인 발명품은 세상을 어떻게 바꿀까?

 이그노벨상

1991년 미국 하버드대학교의 과학잡지 〈기발한 연구 연감(Annals of Improbable Research)〉에서 과학에 대한 관심을 불러일으키기 위해 제정한 상입니다. 2023년을 기준으로 33번째 수상자를 배출한 이그노벨상(Ig Nobel Prize)은 '먼저 사람들을 웃게 한 다음 생각하게 만드는(makes people laugh, then think)' 무언가의 업적을 기리기 위해서 만들어졌다고 해요.

상을 받는 기준은 '다시 할 수도 없고, 해서도 안 되는' 발견과 발명인데요. 일반적으로 특이하고 재밌는 발상으로 의미 있는 업적을 이룬 사람이나 단체에 상을 부여하지만, 때로는 바보 같은 짓을 한 사람이나 단체에 경각심을 일으키기 위한 목적으로 상을 주는 일도 있습니다.

태블릿 대신 종이책과 손글씨로
돌아간 스웨덴

연계 교과

도덕	사회·공동체와의 관계	3~4학년	디지털 사회에서 발생하는 문제의 해결
사회	사회·문화	3~4학년	사회 변화의 양상과 특징

읽기 자료

• '태블릿 대신 종이책'으로 돌아간 스웨덴… 그 이유는?　　　2023년 9월 12일 자, 전자신문

읽기 자료 해설

디지털 교육으로 학습 능력이 떨어졌다고?

스웨덴 학교들이 디지털 학습에서 전통적인 교육 방식으로 돌아가고 있습니다. 최근 많은 스웨덴 학교에서는 태블릿, 온라인 검색, 키보드를 사용한 타자 연습 등 디지털 기기 사용을 줄이고, 종이책을 사용한 수업과 독서, 필기도구를 이용한 글쓰기를 강조하고 있다고 해요. 이러한 변화는 지나치게 디지털화된 교육으로 학생들의 학습 능력이 저하됐다는 비판에 따른 것이라고 합니다.

정통적인 교육 방식으로의 변화는 새 정부 이후 가속화되었는데요. 특히 2022년 10월 취임한 교육부 장관은 디지털 기기를 교육에 활용하는 것을 비판하며 학습에 종이책이 꼭 필요하다고 강조했습니다. 또한 유치원에서의 디지털 기기 사용

을 의무화했던 기존 방침을 뒤집겠다며 6세 미만의 아동에 대한 디지털 학습을 중단할 계획이라고 밝혔습니다.

교육 방식 회귀를 둘러싼 찬반 논쟁

이러한 변화는 다른 나라와는 반대되는 움직임이라서 스웨덴 내에서도 찬반 의견이 분분합니다. 독일이나 폴란드 같은 국가들은 디지털 학습을 확대하는 추세이고, 한국은 2025년부터 AI 디지털 교과서를 본격 도입할 예정입니다. 반대로 디지털 기기를 이용한 교육을 최대한 늦추는 스웨덴과 비슷한 움직임을 보이는 나라들도 있습니다. 캐나다, 네덜란드, 핀란드 같은 국가들 역시 문해력 하락의 원인이 과도한 디지털 기기의 사용에 있다고 보고, 다시 종이책과 연필을 사용하는 전통 교육 방식으로 돌아가고 있다고 합니다. 이처럼 디지털 학습과 관련해 찬반 의견이 엇갈리는 가운데 스웨덴 정부는 앞으로 학교에 배치될 종이책 구매를 위해 큰 금액의 예산을 배정할 계획이라고 합니다.

토론하기

토론 길잡이

디지털 기기를 활용한 교육은 어떤 장단점이 있는지, 전통적인 교육 방법과 비교하여 이야기해 봅시다. 또 기술이 빠르게 발전하는 시대에 바람직한 디지털 학습 방향에 대해서도 논의해 봅시다.

생각을 깨우는 질문

Q 디지털 기기를 활용한 교육에는 어떤 것들이 있을까?

Q 디지털 기기를 활용한 교육 방식은 어떤 장단점이 있을까?

Q 과도한 디지털 기기 사용과 학생들의 학습 능력 저하에는 어떤 연관이 있을까?

Q 전통적 교육 방식으로 돌아간다면 교육의 질과 효율성은 어떻게 달라질까?

Q 전통적인 교육 방식으로 돌아가는 것은 학생들의 미래 사회 적응에 어떤 영향을 끼칠까?

Q 디지털 기기를 활용한 교육 방식과 전통적인 교육 방식과의 균형점을 찾을 수 있을까?

찬반 토론 주제

전통적 교육 방식으로 돌아가는 일은

교육 효과를 위해 꼭 필요한 일이다 vs 시대 변화를 거스르는 일이다

다음 어휘를 활용하여 자신의 생각과 의견을 글로 표현해 보세요.

저하(低下) 어떤 수치나 수준 등이 떨어지는 것.

분분하다 소문이나 의견 등이 많아 갈피를 잡을 수 없다

추세 어떤 일이나 현상이 일정한 방향으로 나아가는 것.

우리나라의 AI 디지털 교과서 도입에 대해 어떻게 생각해?

가짜뉴스 뚝딱 만들어드립니다

연계 교과

도덕	사회·공동체와의 관계	3~4학년	디지털 사회에서 발생하는 문제와 해결 방안, 정보통신 윤리의식 함양
		5~6학년	정의로운 공동체를 위한 규칙
실과	지속가능한 기술과 융합	5~6학년	건전한 사이버 공간의 활용 태도

읽기 자료

• 광화문서 대형 폭발? … "가짜뉴스 만들어드립니다" 사이트 성행

2024년 1월 31일 자, 연합뉴스

읽기 자료 해설

가짜뉴스를 찍어 내는 사이트

가짜뉴스를 만들어 주는 사이트가 버젓이 운영되고 있어 논란입니다. 이 사이트는 사용자가 뉴스 제목, 글머리, 사진을 선택하면 가짜뉴스를 만들어 내고 링크까지 생성해 준다고 합니다. 문제는 기사 링크까지 언론사의 뉴스 사이트와 유사해서 진짜인지 가짜인지 구별하기 어렵다는 점인데요. 링크를 클릭하면 뉴스 속보 이미지가 뜨는데 스크롤을 끝까지 내린 후에야 "당신은 낚시 뉴스에 당하셨다"라는 문구가 나온다고 합니다. 이런 식으로 만들어지는 가짜뉴스 중에는

친구들끼리 공유하는 장난스러운 내용도 있지만 심각한 수준의 가짜뉴스도 있어 사회적으로 큰 혼란을 불러올 수 있다는 우려를 낳고 있어요. 실제로 한 직장인은 '광화문 광장에서 대형 폭발 사고'라는 가짜뉴스를 카카오톡 메시지로 받고 깜짝 놀라는 일도 있었다고 해요.

많이 속이면 문화상품권 증정! 삭제를 원하면 돈을 내라?

이 사이트는 이용자가 유포하길 원하는 가짜뉴스를 영어, 일본어 등 4개 국어로 번역하는 서비스를 제공 중입니다. 또 클릭 수가 높은 가짜뉴스 순위를 매기고, 1천 명 이상을 속이면 5만 원권 문화상품권을 선물로 주는 이벤트까지 벌이고 있습니다. 게다가 이용자가 만든 가짜뉴스를 삭제하려면 추가 비용을 내야 하는데요. 한 건당 5만 원, 24시간 안에 지우려면 10만 원을 지불하는 식입니다. 전문가들은 이런 사이트가 여론 왜곡과 사회 혼란을 초래할 수 있다고 우려하며, 시민 사회의 자정 노력과 법적 규제가 필요하다고 강조합니다.

토론하기

토론 길잡이

가짜뉴스 위험성을 통해 인터넷 등 정보통신 기술의 발달이 우리 사회와 공동체에 어떤 부작용을 불러올지 생각해 보고, 사이버 공간의 건강한 활용을 위해 어떤 노력을 기울이면 좋을지 이야기해 봅시다.

생각을 깨우는 질문

Q 가짜뉴스가 위험한 이유는 무엇일까?

Q 가짜뉴스 제작 사이트 운영자는 법적 처벌을 받아야 할까?

Q 사이트를 이용해 가짜뉴스를 만든 사용자들도 처벌을 받아야 할까?

Q 가짜뉴스로 인한 피해를 예방하고 최소화하기 위해 어떤 노력이 필요할까?

Q 어떤 계층의 사람들이 가짜뉴스에 더 많은 영향을 받을까? 이들을 어떻게 도와야 할까?

Q 가짜뉴스를 구별하는 능력을 키우려면 어떻게 해야 할까?

찬반 토론 주제

가짜뉴스를 만드는 행위는

그 자체로 처벌해야 한다 vs **피해가 생길 경우에만 처벌해야 한다**

논술력 키우기

다음 어휘를 활용하여 자신의 생각과 의견을 글로 표현해 보세요.

유사 서로 비슷함.

유포 세상에 널리 퍼짐. 또는 널리 퍼뜨림.

왜곡 사실과 달리 그릇되게 하거나 진실과 다르게 함.

자정(自淨) 스스로 깨끗해진다는 뜻으로, 어떤 집단이나 사회의 잘못된 것을 스스로 바로잡는 것을 비유적으로 이르는 말.

개인과 기업 차원에서 가짜뉴스로 인해 생길 수 있는 피해는 어느 정도일까?

축구장에서 블루카드를 볼 수 있다고?

연계 교과

| 도덕 | 사회·공동체와의 관계 | 3~4학년 | 공정한 사회를 위해 할 일 |
| | | 5~6학년 | 정의로운 공동체를 위한 규칙 |

읽기 자료

● "축구도 10분 퇴장?" 블루카드 도입 논란… 근데 왜 블루임?

2024년 2월 9일 자, 스포츠조선

읽기 자료 해설

경고와 퇴장 사이 '일시 퇴장'

국제축구평의회(IFAB)가 10분간 퇴장하는 '블루카드'를 확대 시범 운영할 계획이라고 밝혔습니다. 옐로카드와 레드카드 사이의 중간 징계로 '일시 퇴장' 처분을 받는 블루카드의 도입은 축구 경기에 큰 변화를 가져올 것으로 보입니다. 블루카드는 심판에게 지나치게 항의하거나 고의로 상대 팀의 공격 흐름을 끊는 반칙 행위, 악의적인 파울을 했을 때 주어집니다. 10분이 지나면 다시 경기에 뛸 수 있지만, 블루카드를 2장 받으면 퇴장, 옐로카드 1장과 블루카드 1장을 받아도 퇴장입니다. 원래 레드카드와 옐로카드의 중간 카드로 오렌지카드를 도입하려고 했지만, 더 명확한 구분을 위해 파란색을 선택했다고 합니다.

잘 정착할 수 있을까?

잉글랜드 유소년 축구 리그에서는 2018~2019 시즌부터 '10분간 퇴장' 제도를 잘 활용하고 있습니다. 이를 근거로 IFAB는 이 제도를 더 많은 곳에서 활용해야 한다고 주장합니다. 그러나 일시 퇴장 카드 도입을 모두가 환영하는 것은 아닙니다. 잉글랜드 프로축구 프리미어리그(EPL)는 블루카드 운영에 참여하지 않겠다는 뜻을 밝혔고, 국제축구연맹(FIFA) 역시 반대 입장을 분명히 했습니다.

'화이트카드'와 '그린카드'도 있다고?

한편 블루카드와 마찬가지로 전 세계에 공통으로 적용되는 규칙은 아니지만, '화이드카드'와 '그린카드'도 존재합니다. 색깔은 다르지만 두 카드 모두 스포츠의 긍정적인 가치와 스포츠맨십을 장려하기 위한 목적으로 일부 축구 리그에서 실험적으로 도입된 카드입니다.

지난 2023년 1월 24일 포르투갈 여자 축구 경기에서 처음으로 화이트카드가 등장해 화제를 모았는데요. 경기 중 벤치에 있던 한 선수의 몸에 이상이 생기자 양팀 의료진이 달려가 신속하게 응급조치를 했는데, 이때 주심이 양팀 의료진을 향해 화이트카드를 꺼내 든 것입니다. 이를 본 관중들은 손뼉을 치며 환호했습니다.

토론하기

토론 길잡이

스포츠 경기에서 규칙을 지키는 일이 왜 중요한지 생각해 보고, 공동체 사회에서 약속한 규칙을 지키지 않을 때 어떤 일이 벌어질지 이야기해 봅시다.

생각을 깨우는 질문

Q 옐로카드와 레드카드가 도입되기 전 축구 경기장 상황은 어땠을까?

Q 규칙, 제도 등이 필요한 이유가 무엇인지 축구 경기를 예로 들어 설명해 볼까?

Q 블루카드 도입은 어떤 효과가 있을까?

Q 앞으로 블루카드가 더 많은 국제 대회에 도입될 가능성이 있을까?

Q 스포츠에서 규칙은 많을수록 좋을까, 적을수록 좋을까?

Q 사람들이 규칙을 잘 지키면 공정한 사회로 나아갈 수 있을까?

찬반 토론 주제

축구 경기에 블루카드를 도입하면 **장점이 많다 vs 혼란만 준다**

논술력 키우기

다음 어휘를 활용하여 자신의 생각과 의견을 글로 표현해 보세요.

악의적 나쁜 마음이나 좋지 않은 뜻을 가진 것.

시범 모범을 보임.

징계 허물이나 잘못을 뉘우치도록 나무라며 경계함. 부정이나 부당한 행위에 대해 제재를 가함.

만일 축구 경기에 새로운 규칙 카드를 제안할 수 있다면 어떤 카드를 만드는 것
이 좋을까?

 '옐로카드'와 '레드카드'

1970년 멕시코 월드컵 때 처음 적용되었습니다. 영국 심판인 켄 애스톤
(Ken Aston)이 신호등의 색깔에서 영감을 받아 노란색과 빨간색 카드를 도
입하자는 아이디어를 낸 것이 옐로카드와 레드카드의 시작이라고 해요.
그전에는 심판이 구두로 경고나 퇴장을 선언했는데, 다양한 배경과 언어
를 가진 선수들과 관중에게 명확하게 전달하기 어려웠다고 합니다. 결과
적으로 옐로카드, 레드카드 도입은 경기 중 심판의 판정을 선수들과 관중
에게 신속하고 명확하게 전달하는 데 크게 기여했습니다.

다시 불거진 이슈, 대형마트 일요일 영업

경제	경제	3~4학년	경제 활동, 생산과 소비 활동, 상호의존 관계
		5~6학년	가계와 기업의 역할, 근로자의 권리, 기업의 자유와 사회적 책임
도덕	타인과의 관계	3~4학년	타인에 대한 공감의 필요성
		5~6학년	타인의 상황 관찰과 도움 방안 탐색

읽기 자료

● 잇따르는 마트 '의무휴업' 평일 전환… 윈-윈인가, 마트 배불리기인가

2024년 1월 9일 자, 한국일보

읽기 자료 해설

대형마트 매주 일요일 영업이 가능해진 이유

정부가 대형마트와 기업형 슈퍼마켓에 대한 공휴일 의무휴업을 폐지한다고 선언했습니다. 그동안 대형마트는 법에 따라 다달이 두 차례 공휴일을 의무휴업일로 지정해야 했습니다. 그런데 이번에 이 원칙을 폐기해 주말이 아닌 평일에도 휴업할 수 있게 한 겁니다. 이에 대형마트들이 일요일마다 영업을 할 수 있게 된 것이죠. 관련 업계와 소비자들은 환영하는 반면, 일부 소상공인과 마트 노동자들은 이번 결정에 항의하며 철회를 촉구하고 있어요.

일요일 영업 환영: 온라인 쇼핑으로 주말 휴업 퇴색

지방 자치 단체와 마트 측은 온라인 쇼핑 활성화로 마트와 전통시장 모두 주말 휴업의 이점을 누리지 못하고 있으니, 차라리 일요일 영업을 재개해 서로 '윈-윈'하는 방안을 모색하자고 주장합니다. 실제로 마트가 쉬는 일요일 주변 상권 매출액이 마트가 문을 연 날보다 1.7% 감소했다는 분석 결과도 근거로 제시됐습니다. 지역 관계자는 마트가 일요일 영업을 하게 되면 전통시장과의 상생 협력을 기대할 수 있을 거라 말했습니다.

일요일 영업 반대: 상권과 노동자 휴식권 침해

그러나 마트 노동자들은 일요일 영업 재개로 업무량이 증가하고, 주말 휴식을 보장받을 수 없어 여가의 질이 낮아졌다고 주장합니다. 소상공인 역시 대형마트의 매출 증가와 비교하면 전통시장의 매출 증가 혜택은 턱없이 부족하다는 이유를 들어 일요일 영업을 비판하고 나섰습니다.

이처럼 양측의 입장이 첨예하게 대립하는 가운데 대형마트와 인근 상권 간의 상생을 위한 보완 정책이 필요하다는 의견이 나오고 있습니다.

토론하기

토론 길잡이

대형마트의 일요일 영업은 소비자와 해당 기업뿐 아니라 전통시장, 마트 근로자 등 다양한 이해관계가 맞물려 있습니다. 각자의 입장 차이를 생각해 보고 갈등을 해결하기 위한 합리적 방안을 모색해 봅시다.

생각을 깨우는 질문

Q 대형마트의 공휴일 의무휴업 원칙이 생겨난 이유는 무엇이었을까?

Q 온라인 쇼핑 활성화는 소비문화에 어떤 변화를 가져왔을까?

Q 한 달에 두 번 일요일에 문을 닫는 대형마트의 영업 정책으로 소비자는 어떤 불편을 겪었을까?

Q 많은 소비자가 대형마트의 일요일 영업을 환영하는 이유는 무엇일까?

Q 마트 근로자들이 일요일 영업을 반대하는 이유는 무엇인가?

Q 대형마트와 전통시장은 상호의존적 관계일까, 경쟁 관계일까?

Q 대형마트와 전통시장이 함께 상생할 방법은 무엇일까?

찬반 토론 주제

대형마트의 일요일 영업을 **찬성한다** vs **반대한다**

다음 어휘를 활용하여 자신의 생각과 의견을 글로 표현해 보세요.

소상공인 근로자 수가 5인 이하인 사업자를 말하는데, 일반적으로 작은 가게나 사업을 운영하는 사업자를 뜻함.

활성화 사회나 조직 등의 기능이 활발하게 됨.

상생(相生) 둘 이상 또는 여럿이 서로 공존하면서 다 같이 잘 살아감.

대형마트의 일요일 영업처럼 다수의 이익과 소수의 이익이 부딪치는 상황일 때 우리는 어떤 결정을 내려야 할까?

햄버거, 피자 광고 금지!

연계 교과

국어	매체	3~4학년	상황 맥락, 매체 자료 의미 파악
		5~6학년	사회·문화적 맥락, 각종 정보 매체 자료, 매체 자료의 신뢰성
사회	법	5~6학년	법의 의미와 역할
실과	생활환경과 지속가능한 선택	5~6학년	음식의 마련과 섭취, 지속가능한 의식주 생활

읽기 자료

- "피자, 햄버거는 해 지고서 홍보해라"… 호주서 '정크 푸드' 광고 금지법 추진

2023년 6월 20일 자, 세계일보

읽기 자료 해설

'정크 푸드 광고 금지법'이란?

호주에서 정크 푸드 광고를 금지하는 법안이 발의됐습니다. 이 법안에 따르면 TV와 라디오에선 오전 6시부터 오후 9시 30분까지 정크 푸드 광고가 금지되고, SNS나 온라인에서는 아예 광고를 할 수 없습니다. 어린이 건강에 좋지 않은 음식 광고를 규제하기 위한 것이 목적입니다. 이 법안에서 언급된 정크 푸드에는 햄버거, 피자, 기름에 튀긴 고기, 나초, 해시 브라운, 케밥 등이 포함됩니다.

법안에 대한 반응

이 법안에 많은 보건 단체와 의료 협회가 지지를 보내고 있습니다. 이들은 아이들이 정크 푸드 광고에 노출되는 것과 소아 비만 사이에는 직접적 연관이 있다고 주장합니다. 또 호주에서는 소아 비만으로 매년 많은 보건 예산이 사용되고 있고, 호주 어린이의 4분의 1,

성인의 3분의 2가 과체중이거나 비만이라는 것도 법안에 찬성하는 이유입니다. 호주 정부는 2030년까지 어린이와 청소년의 과체중 및 비만 비율을 지금보다 5%p 낮춘다는 목표를 세웠다고 합니다.

'원 플러스 원' 판매를 금지하는 나라도?

다른 나라에도 비슷한 사례가 있어요. 2020년 영국 정부는 '비만 퇴치' 정책을 발표하면서 지방이나 당, 소금 함유량이 높은 제품에 대해 '원 플러스 원(1+1)' 판촉을 금지하는 정책을 법제화하겠다고 밝혔어요. 그러나 고물가가 계속되면서 소비자 선택권을 제한해서는 안 된다는 목소리가 이어지자, 시행 시기를 2023년 10월로 연기한 적이 있습니다. 그럼에도 고물가가 계속되자 법 시행을 다시 연기했습니다.

토론하기

토론 길잡이

정크 푸드가 어린이·청소년 건강에 미치는 영향과 건강한 식생활의 중요성에 대해 생각해 보고, 정크 푸드 광고를 예를 들어 광고 매체의 역할과 그 효과에 대해서도 이야기해 봅시다.

생각을 깨우는 질문

Q 정크 푸드 광고 금지법을 추진하는 호주 정부의 정책에 대해 어떻게 생각해?

Q 광고를 보지 않으면 먹고 싶은 마음이 줄어들까?

Q 광고 매체의 목적과 역할은 무엇일까?

Q 정크 푸드는 어린이 건강에 어떤 영향을 끼칠까?

Q 정크 푸드 기업들은 '광고 금지'를 어떻게 받아들일까? 기업 활동을 침해하는 행위는 아닐까?

Q 영국이 추진하는 '원 플러스 원' 판촉 금지는 비만을 줄이는 데 도움이 될까?

찬반 토론 주제

공익을 위해 특정 광고를 규제하는 것은 **정당하다** vs **정당하지 않다**

논술력 키우기

다음 어휘를 활용하여 자신의 생각과 의견을 글로 표현해 보세요.

보건 건강을 지키고 유지하는 일.

퇴치 물리쳐서 아주 없애 버림.

판촉 소비자들의 소비 욕구를 불러일으키고 자극함으로써 판매가 늘어나도록 하는 모든 활동.

정크 푸드 광고와 어린이·청소년 비만 사이에는 어떤 관계가 있을까?

'젊은 피' 수혈로 불로장생을 꿈꾸다

연계 교과

도덕	자연과의 관계	3~4학년	생명에 대한 존중
과학	생명	3~4학년	생명과학과 우리 생활
		3~6학년	과학 활동의 윤리성

읽기 자료

- "70세 아버지, 내 피 받고 25년 젊어졌다" 미(美) 갑부 회춘 실험 결과

2023년 11월 27일 자, 서울신문

읽기 자료 해설

70세 아버지의 신체 나이 25년 되돌렸다?

미국의 한 IT 사업가가 나이를 되돌리는 회춘 프로젝트를 계속 진행하고 있는 가운데, 자신의 혈액을 이용해 70세인 아버지의 신체 나이를 젊게 만드는 데 성공했다고 주장했습니다. 40대인 이 사업가는 이미 17세 친아들의 피를 수혈받은 적이 있는데요. 그때는 별다른 효과를 보지 못했지만, 이번에 부친에게 자기 피를 투여한 결과 노화

속도가 25년 정도 느려졌다는 게 그의 주장입니다. 다만 노화 속도가 느려진 것이 아버지의 혈장 일부를 제거했기 때문인지, 자신의 혈장을 받았기 때문인지, 아니면 양쪽 모두의 영향인지는 정확히 알 수 없다고 밝혔습니다.

'회춘의 꿈'에 연간 수백만 달러 투자

이 사업가는 자신의 신체 나이를 18세로 되돌리기 위한 프로젝트를 진행 중인데요. 구체적으로 18세의 폐활량과 지구력, 37세의 심장, 28세의 피부를 갖는 것이 그의 목표입니다. 본인이 직접 실험 대상이 되어서 식사와 수면, 운동, 의료 진단 및 치료 등 생활 전반에 걸쳐 다양한 요법을 시행하는 데 연간 200만 달러(약 26억 원)를 쓰고 있다고 해요. 특히 회춘을 위해 아들의 피뿐만 아니라 다른 젊은 기부자의 혈장도 여러 차례 수혈받은 적이 있다고 합니다.

의학계 전문가 의견은?

이와 같은 혈장 치료는 간 질환, 화상, 혈액 질환, 코로나19 등 특정 질병에도 사용된 적이 있습니다. 그러나 세계보건기구(WHO)는 이런 치료 방식을 권장하지 않는다고 해요. 또 늙은 쥐와 젊은 쥐의 피를 바꾸는 실험을 진행한 적이 있긴 하지만, 이것이 인간에게 효과적인지는 확실치 않으므로 굉장히 위험한 방법이라는 비판도 거셉니다. 하지만 회춘 실험 중인 사업가와 그의 의료팀은 이러한 방법이 인지 저하 치료나 파킨슨병, 알츠하이머병 예방에 도움이 된다고 주장합니다.

토론하기

토론 길잡이

생명과학의 발달이 인류에게 어떤 영향을 미칠지 생각해 보고, 과학 기술로 젊음을 오래 유지하고 수명을 연장하고자 하는 시도는 어디까지 허용될 수 있을지 이야기해 봅시다.

생각을 깨우는 질문

Q 젊어지고 싶은 인간의 욕망은 당연한 것일까?

Q 부유한 억만장자가 자신의 노화를 늦추기 위해 사용하는 이런 방법은 우리 사회에 어떤 영향을 끼칠까?

Q 혈액을 교환하는 방식은 윤리적으로 문제가 없을까?

Q 이런 실험과 치료에 대해 법적 규제가 필요할까?

Q 노화를 막고 신체 나이를 되돌리는 기술이 개발된다면, 모두에게 공평하게 제공될 수 있을까?

Q 글로벌 기업이나 부자들이 불로장생 연구에 투자하는 이유가 무엇일까?

찬반 토론 주제

과학 기술을 이용해 인간의 생명을 연장하는 것은

꿈의 실현이다 vs 신에 대한 도전이다

논술력 키우기

다음 어휘를 활용하여 자신의 생각과 의견을 글로 표현해 보세요.

불로장생   늙지 않고 오래 삶.

회춘   봄이 다시 돌아온다는 뜻으로 다시 젊어지는 것을 뜻함.

노화   병이나 사고에 의한 것이 아니라 시간의 흐름에 따라 생체 구조와 기능이 쇠퇴하는 현상.

인간이 늙지 않고 오래 산다고 했을 때 어떤 장단점이 있으며, 인류에게 어떤 영향을 미칠까?

 불로장생의 꿈

'불로장생' 하면 떠오르는 대표적인 인물은 바로 진시황입니다. 진시황은 불로장생을 이뤄준다는 전설의 약초인 '불로초'를 찾기 위해 애썼지만, 결국 실패하고 50세의 나이로 생을 마쳤습니다. 생명 연장의 꿈은 과학 기술 발전에 기대어 현재까지 이어지고 있는데요. 구글, 아마존 등 글로벌 빅테크 기업들은 물론이고, 세계 최고 부자로 알려진 무함마드 빈 살만 사우디아라비아 왕세자 역시 불로장생 연구에 1조 3,000억 원을 지원하는 것으로 알려져 화제를 모았습니다.

아들·딸 고를 수 있는 인공수정 기술

연계 교과

과학	생명	3~4학년	생명과학과 우리 생활
		3~6학년	생명 현상 관련 문제의 인식 및 해결, 과학 활동의 윤리성
도덕	자연과의 관계	3~4학년	생명에 대한 존중

읽기 자료

● 아들·딸 선택 인공수정 기술 나와… 윤리 논란 제기　　2023년 3월 26일 자, 동아사이언스

읽기 자료 해설

아들·딸 골라 낳을 수 있어요!

미국 코넬대 연구팀이 태아의 성별을 고를 수 있는 인공수정 기술을 개발했습니다. 이 기술은 남녀 성별을 결정짓는 염색체 차이를 근거로 합니다. 인간의 염색체 23쌍 중 마지막 자리를 차지하는 성염색체가 여성은 XX, 남성은 XY입니다. 여성의 난자에는 X 염색체가 항상 포함되어 있고, 남성의 정자에는 X 또는 Y 염색체가 들어 있어 어떤 염색체를 가진 정자가 난자와 수정되느냐에 따라 딸인지 아들인지 결정되는 것이죠.

연구팀은 X 염색체가 Y 염색체보다 무겁다는 점에 주목하고, 가벼운 정자는 뜨고 무거운 정자는 가라앉게 하는 기술을 개발했습니다. 이 기술을 적용해 아들

을 원하는 부부에게는 가벼운 정자를, 딸을 원하는 부부에게는 무거운 정자를
수정시켜 원하는 성별의 아기를 가질 수 있게 하는 것입니다.

성공률은 얼마나?

연구팀이 105쌍의 부부를 대상으
로 이 기술을 도입한 결과 성별 선
택의 정확도가 약 80%로 나타났
다고 합니다. 현재까지 이 기술을
적용해 태어난 아기는 딸 16명, 아
들 13명입니다. 태어난 아기들은

모두 건강하며 세 살까지 발달 지체 등의 이상도 발견되지 않았다고 해요. 연구
팀은 이 기술이 매우 효율적이고 저렴하며 안전하다고 말했습니다.

윤리적 문제는 없을까?

그러나 이번 연구를 놓고 윤리 논란이 거세게 일고 있습니다. 과학적 타당성은
인정하더라도 성별 선택이라는 점에서 윤리적으로 문제가 있고, 이는 사회적으
로 해로운 영향을 끼칠 수 있다는 겁니다. 실제로 타당한 이유 없이 배아의 성별
을 선택하는 것은 많은 나라에서 불법으로 규정되어 있습니다. 연구팀은 윤리적
으로 문제가 없다고 밝혔지만 배아 대신 정자를 선택하는 방식으로 법적, 윤리
적 문제를 피해가려고 했다는 지적을 피할 수 없어 보입니다.

토론하기

토론 길잡이

아기의 성별을 구분하는 기술이 탄생하게 된 사회적 배경을 생각해 보고, 새로운 생명과학 기술이 우리 사회에 어떤 영향을 미칠지, 혹시 부작용은 없을지 이야기해 봅시다.

생각을 깨우는 질문

Q 성별을 구분하는 인공수정 기술은 어떤 필요 때문에 연구 개발되었을까?

Q 태어날 아기의 성별을 선택할 수 있다면 어떤 문제들이 발생할까?

Q 성별을 선택할 수 있다면 인구 구조와 성비의 균형에 어떤 영향을 끼칠까?

Q 생명 문제에 인간이 인위적으로 개입해도 괜찮을까?

Q 이와 같은 생명과학 기술 발전에 윤리적 제재가 필요할까?

찬반 토론 주제

태아의 성별을 선택하는 것은

어떤 이유에서든 규제해야 한다 vs **상황에 따라 허용할 수 있다**

논술력 키우기

다음 어휘를 활용하여 자신의 생각과 의견을 글로 표현해 보세요.

인공수정 인위적으로 채취한 수컷의 정액을 암컷의 생식기 안에 주입하여 수정시키는 일. 가축 등의 번식이나 품종 개량에 이용하며, 사람의 불임증(임신이 잘 되지 않는 증상)에서도 시행함.

배아 생식 세포인 정자와 난자가 만나 결합된 수정란.

윤리 사람으로서 마땅히 행하거나 지켜야 할 도리.

부모에게 자녀의 성별을 선택할 권리가 있을까?

사이가 틀어지니 판다를 돌려달라고?

연계 교과

사회	정치	5~6학년	지구촌의 평화
	지속가능한 세계	5~6학년	지구촌 갈등 사례
도덕	자연과의 관계	3~4학년	생명에 대한 존중

읽기 자료

● 中, 징벌적 판다외교? … 내년 말 美에 판다 한 마리도 없을 수도

2023년 10월 4일 자, 연합뉴스

읽기 자료 해설

앞으로 미국에선 판다를 볼 수 없을지도

지난 2023년 11월, 미국 워싱턴 DC에 있는 스미스소니언 국립동물원의 판다 3마리가 중국으로 돌아갔습니다. 동물원은 임대 계약 연장을 추진했지만, 중국 측과 협의에 실패했다고 해요. 이로써 미국과 중국 간에 50년 넘게 지속된 '판다 외교'가 끝나가고 있다는 얘기가 나오고 있습니다. 미국과 중국 사이의 냉랭한 관계가 판다 임대 정책에 영향을 미쳤다는 것이죠. 현재 미국 내에 남은 판다는 조지아주 애틀랜타 동물원에 있는 4마리뿐이며, 이들에 대한 임대 계약도 2024년 말에 종료됩니다.

중국의 징벌적 판다 외교

1972년 리처드 닉슨 전 미국 대통령이 중국을 방문한 뒤 판다 한 쌍을 선물로 받는데요. 그 이후 판다는 미국과 중국 간 우호의 상징으로 여겨졌습니다. 하지만 최근 미국이 중국을 유일한 전략적 경쟁자로 지목하고 첨단 기술 수출을 제한하는 등 고강도 견제에 나서면서 양국 관계는 급속도로 악화되었습니다. 이런 이유로 일부에서는 줄줄이 종료되는 판다 임대를 두고 '징벌적 판다 외교'라는 해석이 나오고 있습니다. 중국이 판다를 보복 수단으로 활용하며 미국에 불쾌감을 표시하고 있다는 것입니다. 중국은 10년 단위로 판다를 다른 나라에 임대하고 있는데요. 현재 19개국에 판다가 임대된 상태라고 해요. 판다 한 쌍의 임대료는 연간 약 100만~200만 달러로 알려져 있으며, 협의에 따라 임대 연장도 가능하다고 합니다.

토론하기

토론 길잡이

전 국민의 사랑을 받아온 판다 푸바오가 중국으로 돌아가면서 '동물 외교'에 대한 관심도 높아졌습니다. '동물 외교'의 의미와 효과를 생각해 보고, 정치적 목적으로 동물이 이용되는 것을 어떻게 바라봐야 할지 논의해 봅시다.

생각을 깨우는 질문

Q 동물 외교를 '소프트 외교'라고 부르는 이유가 무엇일까?

Q 동물 외교의 원래 목적은 무엇일까?

Q 동물 외교의 장단점은 무엇일까?

Q 동물 외교는 국가의 이미지나 평판에 어떤 영향을 끼칠까?

Q 동물 외교는 동물권, 동물복지와 어떤 관련이 있을까?

Q 동물 외교가 각 나라의 생태계에 끼치는 영향은 없을까?

Q 동물을 원래 서식지로 돌려보낼 경우, 재적응은 어떻게 이루어질까?

찬반 토론 주제

동물을 정치적, 외교적 목적으로 이용하는 것은 **문제가 있다** vs **문제없다**

논술력 키우기

다음 어휘를 활용하여 자신의 생각과 의견을 글로 표현해 보세요.

임대 돈을 받고 자기의 물건을 남에게 빌려줌.

반환 빌리거나 차지했던 것을 되돌려줌.

우호 개인끼리나 나라끼리 서로 사이가 좋음.

징벌 옳지 않은 일을 하거나 죄를 지은 데 대하여 벌을 줌. 또는 그 벌.

'중국이 판다를 보복의 수단으로 이용한다'는 비판에 대해 어떻게 생각해?

 '푸바오'가 중국으로 돌아간 이유

중국의 판다 임대 원칙 중에는 '모든 판다의 소유권은 중국에 있다'는 내용이 포함되어 있습니다. 이에 따라 해외에서 태어난 판다는 생후 4년 차가 되면 모두 중국으로 돌아가야 합니다. 반환 시기가 4년 차인 이유는 자이언트 판다의 경우 만 4세가 되면 성숙기에 접어들어 다른 판다와 생활하며 짝을 맺어야 하기 때문이라고 해요. 이 원칙에 따라 우리 국민에게 많은 사랑을 받은 '푸바오'도 2024년 4월 3일 중국으로 돌아갔습니다.

119 구급차는 택시가 아니야

도덕	타인과의 관계	3~4학년	타인에 대한 공감
		5~6학년	타인의 상황에 대한 관찰과 도움 방안 탐색
	사회·공동체와의 관계	5~6학년	정의로운 공동체를 위한 행동과 규칙 고안

읽기 자료

● 한국, 구급차 출동이 35% '헛발'… 일(日)선 "입원 안 하면 돈 내라"

2024년 1월 30일 자, 조선일보

읽기 자료 해설

응급이 아닌데 구급차를 부르는 사례 증가

응급 상황이 아닌데도 119 구급대가 출동하는 일이 늘고 있습니다. 이에 구급차를 유료화해야 한다는 의견이 나오고 있어요. 소방청에 따르면 2022년 전국 119 구급대 출동 중 약 35.4%에 달하는 126만 건의 신고가 환자를 병원에 이송하지 않고 그냥 복귀한 경우라고 합니다. 중간에 신고를 취소한 사례가 가장 많았고, 현장에 환자가 없거나 경증이라 응급처치만 하고 돌아온 경우도 적지 않았다고 해요. 심지어 술에 취한 사람 등 치료가 필요하지 않았던 경우도 20만 건이 넘었다고 합니다. 병원에 이송한 환자 중에도 전혀 응급하지 않은 상태로 분류된 환자들이 제법 많았고요. 현행법상 긴급하지 않은 신고는 출동을 거절할 수 있지만, 통화만으로 응급 여부 판단이 어려워 대부분 현장에 나갈 수밖에 없다고 합니다.

구급차 유료화 대책 내놓은 일본, 우리나라는?

최근 일본의 한 지자체에서는 구급차 유료화 대책을 내놓았습니다. 경증이거나 응급하지 않은 환자가 구급차를 이용하는 일이 너무 많아지자 2024년 6월부터 구급차 이용 비용을 징수하기로 한 것입니다.

국내에서는 구급차 유료화에 대한 찬반 의견이 엇갈리고 있습니다. 의료계에서는 미국·프랑스 등 선진국도 구급차는 유료라는 점, 이를 통해 응급실 과밀화 해소에 도움이 될 것이라는 점을 들어 찬성하는 의견이 많습니다. 하지만 구급대원 사이에서는 회의적인 반응이 나오고 있다고 해요. 환자나 신고자가 위급한 정도를 판단하기 어려워 나중에 비용 청구 문제로 신고자와 구급대 간 다툼이 발생할 수 있는 데다가 중증도를 분류하는 구급대의 책임이 커져 구급 활동 자체가 더 힘들어질 거라는 게 그 이유입니다. 한편으로는 저소득층이 실제 위험한 상황에서 구급차 호출을 주저할 수 있다는 우려도 제기되고 있습니다.

토론하기

토론 길잡이

아무 때나 구급차를 호출하면 어떤 문제가 생길지 생각해 봅시다. 또 구급차 유료화가 사회 공동체의 안전과 행복을 위한 합리적인 해결책이 될 수 있는지, 혹시 다른 방법은 없는지 논의해 봅시다.

생각을 깨우는 질문

Q 구급차 유료화 정책은 구급차 남용을 막는 데 효과적일까?

Q 응급이 아닌 데도 구급차를 부르는 일이 많아지면 어떤 문제가 발생할까?

Q 구급차 유료화를 시행하면 계층별로 의료 서비스 혜택에서 차이가 생길까?

Q 구급차를 유료화한다면 비용을 부과하는 기준을 어떻게 설정해야 할까?

Q 구급차 유료화를 시행하고 있는 다른 나라들의 사례에서 얻을 수 있는 교훈은 무엇일까?

찬반 토론 주제

구급차 유료화를 **도입해야 한다** vs **도입하면 안 된다**

다음 어휘를 활용하여 자신의 생각과 의견을 글로 표현해 보세요.

경증 병의 가벼운 증세.

징수 국가나 지방 자치 단체 등이 법에 따라 세금이나 수수료 등을 국민에게서 거두어들임.

중증도 병이나 어떠한 상태가 심한 정도.

유료화 외에 구급차 남용을 막을 수 있는 좋은 방법은 없을까?

유럽 전역에 불어 닥친 횡재세 바람

연계 교과

사회	경제	5~6학년	기업의 자유와 사회적 책임
		3~6학년	공정한 분배
	사회·문화	5~6학년	지구촌의 문제
도덕	사회·공동체와의 관계	5~6학년	정의로운 공동체를 위한 행동, 인류를 사랑하는 태도

읽기 자료

● 유럽 뒤덮은 '횡재세' 물결… "제약사·식품기업까지 예외 없어"

2023년 8월 14일 자, 한국경제

읽기 자료 해설

점점 늘어나는 횡재세 도입 국가

횡재세(Windfall Tax)란 예상치 못한 큰 이익을 얻은 개인 또는 기업에 일시적으로 부과되는 세금을 의미합니다. 코로나19 팬데믹, 러시아의 우크라이나 침공처럼 급격한 변화가 일어나는 상황에서 엄청난 이익을 보게 된 일부 기업들에 세금을 걷어 인플레이션과 재정 적자를 해결하는 것이죠.

유럽의 경우 2023년 8월을 기준으로 24개 유럽연합(EU) 회원국이 에너지 기업에 횡재세를 부과하거나 부과할 계획이라고 합니다. 몇몇 국가들은 은행에도 이를 적용할 방침인데, 이탈리아의 경우 은행들에 수익의 40%에 달하는 세금을 일시적으로 걷겠다고 발표하면서 유럽 증시가 휘청이는 일도 있었습니다.

처음 횡재세는 러시아의 우크라이나 침공으로 막대한 이익을 얻은 에너지 기업들에 단기간 시행될 예정이었지만, 일부 국가를 중심으로 연장되고 있습니다. 횡재세를 적용하는 기업의 범위도 점점 확대되고 있는데요. 헝가리는 모든 금융기관과 제약사에, 포르투갈은 식품 유통업체에, 크로아티아와 불가리아는 일정 수익 이상을 거둔 모든 기업에 세금을 부과할 계획이라고 합니다.

공정한 일 vs 투자 위축

사회단체들은 팬데믹과 전쟁 등으로 전력, 식량 등 필수품 가격이 급등해 많은 이들이 생활고를 겪는 만큼, 이로 인해 큰 이익을 본 기업에 세금을 부과하는 것은 공정한 일이라고 말합니다. 반면에 기업 전문가들은 횡재세 부과로 기업들의 신규 투자가 위축될 것을 우려합니다.

횡재세의 역사는 100년도 더 거슬러 올라가는데요. 제1차 세계대전 때 처음 시행되어 제2차 세계대전과 그 외 국제적 경제 위기 상황에서도 횡재세를 시행한 적이 있습니다.

토론하기

토론 길잡이

유럽을 휩쓸고 있는 횡재세의 의미와 역할, 그리고 국제 사회에 미치는 영향은 어느 정도인지 생각해 봅시다. 또 기업의 사회적 책임은 어디까지이며, 인류가 처한 경제 불평등 문제를 해결하는 데 기업이 어떤 역할을 할 수 있을지 이야기해 봅시다.

생각을 깨우는 질문

Q 어떤 기업이 팬데믹이나 전쟁 같은 특수 상황에서 막대한 이익을 거두었을까?

Q 기업의 입장에서 횡재세를 내야 한다면 어떤 생각이 들까?

Q 횡재세로 거둔 세금은 어디에, 어떻게 사용하는 것이 정당할까?

Q 횡재세가 국가와 기업, 그리고 산업계에 끼치는 영향은 무엇일까?

Q 기업은 팬데믹과 전쟁 등으로 경제적 어려움을 겪는 국민에게 책임을 느껴야 할까? 기업에 책임이 있다면 어떤 방식으로 책임을 다해야 할까?

찬반 토론 주제

기업들에 횡재세를 부과하는 것은 **바람직하다** vs **바람직하지 않다**

다음 어휘를 활용하여 자신의 생각과 의견을 글로 표현해 보세요.

팬데믹　전염병이 전 세계적으로 크게 유행하는 현상.

부과　세금이나 부담금 같은 것을 매기어 내게 함.

생활고　경제적 빈곤 때문에 생기는 생활적인 어려움과 괴로움.

우리나라에도 횡재세를 도입해야 할까? 도입한다면 어떤 식으로 시행하는 것이 좋을까?

AI와 협력하는 문학 창작물 증가

연계 교과

사회	사회·문화	3~4학년	사회 변화의 양상과 특징
		5~6학년	지구촌의 문제
도덕	사회·공동체와의 관계	3~4학년	디지털 사회에서 발생하는 문제와 해결 방안
실과	기술적 문제 해결과 혁신	5~6학년	지식 재산권의 중요성, 지식 재산 보호에 대한 인식

읽기 자료

● 문학상에 잇단 AI 침투… 챗GPT 협업으로 수상 　　　2024년 2월 2일 자, 매일경제

읽기 자료 해설

일본 문학상 작품에 챗GPT 문장 사용

일본과 한국, 그리고 영미권에서 생성형 인공지능(AI)과 문학이 협업하는 현상
이 늘어나고 있습니다. 대표적인 사례로 2024년도 일본 아쿠타가와상 수상자인
구단 리에의 소설 《도쿄도 동정탑》에 AI를 이용해 만든 문장이 포함된 것으로
알려져 논란이 일었습니다. 작가는 "소설의 약 5%는 챗GPT가 만든 문장을 그
대로 사용했다"라고 밝혔는데요. 아쿠타가와상 시상위원회 측은 작가의 AI 사용
이 문제가 되지 않는다고 말했습니다. 그러나 일본 네티즌 사이에서는 AI 사용
을 두고 창의적이라는 평가와 함께 공정하지 않다는 비판이 일었습니다.

우리나라 문학계도 AI와 협업

국내 문학계에서도 생성형 AI를 이용한 사례가 있습니다. 제42회 김수영 문학상 수상자인 박참새 시인이 〈Defense(디펜스)〉라는 시를 챗GPT와 협업하여 썼다고 밝힌 겁니다. 영어와 한국어가 교차 서술되는 방식의 이 작품은 작가가 영어로 시를 쓰고 챗GPT가 번역한 한국어 문장을 시에 인용했다고 해요. 그뿐 아니라 종교계에서도 AI를 접목한 창작물이 등장했는데요. 법일 스님이 2023년 말에 출간한 시집에 구글 AI 챗봇 '제미나이'의 해설을 담았다고 합니다.

영미권에서는 수년 전부터 시작

영미권에서는 생성형 AI와의 협업이 수년 전부터 있었습니다. 미국 시인 로스 굿윈이 대표적 사례인데요. 그의 대표작 《1 the Road》는 여행 중 차 안에서 나눈 대화, 차의 위치 같은 것들을 센서로 기록한 뒤 이 데이터를 AI가 분석해 만들어 낸 작품이라고 합니다. 굿윈은 아예 자신을 '데이터 시인'이라고 부른다네요. 미국 작가인 로빈 슬론 역시 소설 집필 과정에서 스토리텔링 구성 시 AI를 활용하는 것으로 유명합니다.

토론하기

토론 길잡이

AI 기술의 발달과 함께 우리 사회는 급격한 변화를 겪고 있습니다. AI와 공동 작업한 작품으로 문학상을 받는 것이 공정한 것인지, 이럴 경우 저작권이 누구에게 있는지 논의해 봅시다. AI 기술이 앞으로 문학이나 미술 같은 창작 활동에 어떤 변화를 가져올지에 대해서도 의견을 나눠 봅시다.

생각을 깨우는 질문

Q AI와 협업한 작품이 문학상을 받는 것이 공정한가?

Q AI를 활용해 만든 작품과 오롯이 인간이 창작한 작품을 구별해야 할까?

Q AI를 활용하는 작가와 그렇지 않은 작가의 창작 방식은 어떻게 다를까?

Q AI가 창작에 참여함으로써 문학의 정의와 범위는 어떻게 변화할까?

Q AI 참여를 어디까지 허용해야 인간의 창작이라고 말할 수 있을까?

Q AI 기술 발전이 미래의 문학 트렌드에 어떤 영향을 미칠까?

찬반 토론 주제

AI를 활용한 문학 작품을 수상작에서 **제외해야 한다** vs **포함시켜도 괜찮다**

다음 어휘를 활용하여 자신의 생각과 의견을 글로 표현해 보세요.

생성형 AI　기존 데이터를 학습하여 새로운 콘텐츠를 만들어내는 인공지능.

인용(引用)　남의 말이나 글을 자신의 말이나 글 속에 끌어 씀.

접목　둘 이상의 다른 현상 따위를 알맞게 조화시키는 것을 비유적으로 이르는 말.

AI를 활용한 작품의 저작권은 누구에게 있어야 할까?

 AI 저작권 논쟁

생성형 AI 프로그램 시장이 급속도로 성장하는 가운데 가장 논란이 되는 것은 바로 '저작권' 문제입니다. AI가 만들어 낸 결과물을 과연 정당한 저작물로 볼 수 있느냐는 것이죠.

현행법상 저작물은 '인간의 사상 또는 감정을 표현한 창작물'에 해당하기 때문에 인간이 아닌 AI가 만들어 낸 결과물 자체의 저작권은 인정하지 않고 있습니다. 다만 인간의 창작성이 부가된 경우에만 일부 저작권을 인정하고 있는데요. 이 기준이 모호한 데다가 AI와 협업하는 사례가 점점 더 늘어날 것으로 보여 저작권 논쟁은 더욱 뜨거워질 전망입니다.

1학년이 사라진다

연계 교과

사회	인문환경과 인간생활	3~4학년	우리 지역 인구 정보
		5~6학년	우리나라의 인구 분포와 문제
	사회·문화	3~4학년	사회 변화의 양상과 특징
		5~6학년	지속가능한 미래

읽기 자료

- '초등학교 입학생' 올해 30만 명대⋯2년 뒤에는 20만 명대

  2024년 1월 3일 자, 노컷뉴스

- '1학년 없는 초등학교' 150여 곳⋯대학은 '2000명 미달' 2024년 3월 3일 자, 서울신문

읽기 자료 해설

초등학교 입학생 30만 명대에 불과

저출생 문제가 심해지면서 2024년 초등학교에 입학하는 학생 수가 처음으로 30만 명대로 떨어졌습니다. 교육부에 따르면 2024년 취학 대상 아동은 약 41만 명입니다. 그러나 해외 이주나 건강상의 이유로 취학을 미루거나 면제 신청한 경우를 제외한, 실제 학생 수는 36만 9441명에 불과한 것으로 나타났습니다. 심지어 1학년 입학생이 없는 초등학교도 전국에 157곳이나 된다고 합니다.

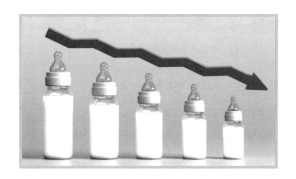

교사 수는 줄고 소규모 학교도 늘어나

지금 추세라면 2026년 초등학교 입학생 수는 20만 명대에 그칠 가능성이 크다는 전망이 나오고 있습니다. 학생 수 감소세가 계속되자 정부는 2023학년도 공립학교 교원 정원을 전년보다 많이 줄였는데요. 전체 공립 교원 정원이 줄어든 것은 1998년 이후 처음 있는 일이라고 합니다. 2024학년도 신규 교사 임용시험 선발 인원 또한 감소했습니다. 그뿐 아니라 서울 시내 소규모 학교(초교 240명, 중고교 300명 이하)도 초등학교 56곳, 중학교 71곳, 고등학교 28곳 등 총 155곳으로 2014년과 비교해 120곳이나 증가했습니다.

대학도 정원 미달

학령인구의 감소로 전국 대학들 역시 신입생 정원을 채우지 못한 것으로 나타났습니다. 2024년도 대입 추가 모집 마지막 날인 2월 29일을 기준으로 전국 51개 대학에서 정원 미달 사태가 발생했는데요. 미충원 인원의 98%가 비수도권 대학 43곳에서 발생했으며, 학생들 선호도가 높은 경기 지역의 대학 8곳도 정원을 다 채우지 못한 것으로 조사됐습니다. 한 대학입시 관계자는 "실제 모집 정원을 채우지 못한 학교는 이보다 더 많을 것"이라고 밝혔습니다.

토론하기

우리나라의 출산율은 세계 최저 수준으로 초등학교 입학생의 급격한 감소는 이를 한눈에 보여주는 지표입니다. 또래 인구 감소를 체감하는 상황을 공유하고, 저출생이 불러올 심각한 사회 문제와 이를 해결할 방법을 모색해 봅시다.

생각을 깨우는 질문

Q 초등학교 입학생 수가 계속 줄어든다면 어떤 일이 벌어질까?

Q 저출생의 원인은 어떤 것들이 있을까?

Q 우리나라의 출생률이 세계 최저 수준인 이유는 무엇일까?

Q 소규모 학교가 증가하면 어떤 문제들이 생길까?

Q 저출생으로 인한 인구 감소는 국가에 어떤 변화를 가져올까?

Q 저출생 문제를 해결하려면 어떻게 해야 할까?

찬반 토론 주제

출산과 관련해 **개인의 선택을 존중해야 한다** vs **국가가 적극적으로 장려해야 한다**

논술력 키우기

다음 어휘를 활용하여 자신의 생각과 의견을 글로 표현해 보세요.

취학   교육을 받기 위해 학교에 들어감.

감소세   점점 적어지는 흐름이나 경향.

교원   학교에서 학생을 가르치는 사람을 통틀어 이르는 말.

학생 수가 계속 줄어들면 우리나라 교육 체계에 어떤 문제들이 생길까?

19세도 청년, 49세도 청년?

연계 교과

사회	인문환경과 인간생활	3~4학년	우리 지역 인구 정보, 지역의 문화, 도시의 특징과 도시 문제, 촌락의 환경
		5~6학년	우리나라의 인구 분포와 문제
	사회·문화	3~4학년	사회 변화의 양상과 특징
		5~6학년	지속가능한 미래

읽기 자료

- '49세도 청년'이라는데… 청년 나이 34→39세 확대될 수 있을까

2023년 12월 20일 자, JTBC 뉴스

읽기 자료 해설

지역마다 다른 청년 나이

2021년 조사에 따르면 우리나라 사람들은 32.9세까지 청년이라고 생각하는 것으로 나타났습니다. 2016년에는 29.6세였는데, 나이가 점점 올라가고 있는 겁니다. 2020년에 만들어진 '청년기본법'에는 청년을 19세 이상 34세 이하로 정의하고 있습니다. 그러나 실제로는 지역마다 기준이 제각각입니다. 서울시 같은 대도시는 19세부터 39세까지를 청년으로 보지만, 일부 지역에서는 45세나 49세까지

청년으로 규정하고 있습니다. 고령화가 심각한 지역일수록 청년의 나이 범위는 더 넓어지는데요. 이는 청년 나이를 확대해 더 많은 이들에게 청년 정책 수혜를 줌으로써 젊은 층이 다른 지역으로 이동하는 것을 막기 위해서라고 합니다.

청년 나이 상한을 두고 엇갈리는 의견

2023년 12월 서울시의회에서 청년 상한 나이를 39세로 높이는 '청년기본법 개정 촉구 건의안'이 본회의를 통과했습니다. 이미 많은 지역에서 39세까지 청년으로 규정하고 있는 만큼 정책 혼선을 줄이기 위해 나이 상한을 높여야 한다는 겁니다. 국회에서도 청년 나이 상한을 39세로 올리는 법안이 발의되었는데요. 이 법안은 지역별로 각기 다른 청년 나이 기준을 모두 통일하자는 내용도 담고 있습니다.

그러나 전문가들은 30대 후반까지 청년으로 보는 것은 적절하지 않다고 지적합니다. 졸업과 취업, 독립을 고민하는 20~30대 초반과 달리 30대 후반은 자녀 문제 등을 고민하는 나이라 같은 청년 정책을 추진하는 데 무리가 있다는 것이죠. 그뿐 아니라 너무 폭넓은 연령대를 청년으로 묶어 지원하게 되면 오히려 다른 성인 연령대에 대한 차별이 될 수 있다는 지적도 나옵니다. 한편 전 세계적으로 청년 나이는 20대까지인 경우가 대부분입니다.

토론하기

토론 길잡이

도시와 촌락의 인구 분포 차이, 고령화와 인구 감소 등 우리 사회가 직면한 인구 관련 문제와 청년 나이 상향 사이에는 어떤 관련이 있을지 생각해 봅시다.

생각을 깨우는 질문

Q '청년'이란 누구를 말하는 것이며, 어떤 특징이 있는 세대일까?

Q 법적으로 청년 나이를 확대하자는 제안이 나오게 된 배경은 무엇일까?

Q 청년 나이를 39세로 올리면 어떤 장단점이 있을까?

Q 19세와 39세, 심지어 49세를 같은 세대로 분류할 수 있을까?

Q 지역에 따라 청년의 기준이 다른 이유는 무엇일까?

Q 시대 변화, 수명의 증가 등은 법적 세대 기준을 바꾸는 새로운 기준이 될까?

Q 청년, 중장년, 노년 등 세대 구분이 필요한 까닭은 무엇일까?

찬반 토론 주제

청년 나이를 39세로 확대하는 것은 **필요한 조치다** vs **적절하지 않다**

논술력 키우기

다음 어휘를 활용하여 자신의 생각과 의견을 글로 표현해 보세요.

규정 법률적으로 양이나 범위 따위를 제한하여 정함.

상한 위아래로 이루어진 일정한 범위에서 가장 위쪽의 한계. 반대는 '하한'.

혼선 말이나 일 따위를 서로 다르게 파악하여 혼란이 생김.

청년 나이를 전국적으로 통일하는 것이 좋을까, 지역별 특성을 인정해 기준을 달리 하는 것이 좋을까?

 노인 나이 상한 논쟁

우리나라의 법적 노인 기준 나이는 65세입니다. 이 나이는 노인복지법의 기준이 되는데요. 지난 2023년 일부 지자체 등이 지하철공사의 대규모 적자 등을 이유로 무임승차 대상인 노인 기준 나이를 높이겠다고 발표하면서 논란이 일었습니다. 결국, 거센 반발에 부딪혀 철회되긴 했으나 여전히 법적 노인 나이 상한을 두고 격렬한 논쟁이 이어지고 있어요. 고령화 사회인 우리나라는 2050년이면 인구 10명 중 4명이 65세 이상으로, 법적 기준 노인에 해당합니다. 이를 두고 기대 수명이 66.7세 때 정해진 기준이기 때문에 노인 나이 상한에 대한 재논의가 필요하다는 의견이 많습니다.

죽은 뒤 별이 되는 우주 장례 서비스

연계 교과

과학	과학과 사회	3~6학년	과학 기술 및 사회의 상호작용과 관련 문제 인식
	지구와 우주	3~4학년	태양계 행성

읽기 자료

- 중(中) 고인 귀중품 우주로 보내는 '우주 장례' 서비스 출시

  2023년 4월 4일 자, 서울신문

- 달 착륙선 올라탄 엄홍길 DNA…스타트랙 작가 유골도   2024년 1월 9일 자, 한겨레

읽기 자료 해설

'우주 장례'란?

2023년 4월 중국의 한 우주항공 기업이 고인의 귀중품과 사진을 포함해 유골을 우주로 보내는 우주 장례 서비스를 출시해 화제입니다. 이 기업은 2022년 처음으로 우주 장례 서비스를 선보였고, 테스트 당시 50명의 기념품을 우주로 보내는 데 성공했다고 합니다. 우주 장례에 사용되는 기념품 함은 크기가 작아 넣을 수 있는 무게가 제한적이지만, 가격은 몇천만 원에 이를 정도로 비싼 것으로 알려졌습니다.

새로운 기술이 아니라고?

우주 장례는 새로운 기술은 아닙니다. 2018년에 미국의 한 벤처기업이 초소용 전용 위성을 이용해 대규모 '우주 장례'를 진행한 적이 있습니다. 그리고 2024년 1월 한 민간 기업이 쏘아 올린 달 탐사선에는 추모용 화물과 생존자의 DNA까지 실렸는데요. 영화 〈스타트랙〉의 작가의 유골과 산악인 엄홍길 대장의 DNA가 캡슐화되어 달 착륙선에 올랐다고 합니다. 엄 대장은 본인의 DNA를 심우주로 보내는 것에 대해 "뉴스페이스(새로운 우주) 시대를 맞이해 우리 국민에게 지구를 떠나 무한한 우주로 향하는 용기와 희망의 메시지를 주고 싶었다"라고 소감을 밝히기도 했어요.

우주 장례에 대한 사람들의 의견은 분분합니다. 새로운 기술을 긍정적으로 평가하는 이도 있는가 하면, 우주를 표류하는 쓰레기가 될 것이라는 부정적 의견도 있습니다.

토론하기

토론 길잡이

우주 장례를 주제로 과학 기술의 발전과 우주 공간의 활용이 우리 삶에 어떤 영향을 끼칠지, 미래 사회는 어떤 모습으로 변화할지 상상하며 자유롭게 이야기를 나눠 봅시다.

생각을 깨우는 질문

- Q 사람들이 우주 장례 서비스를 선택하는 이유는 무엇일까?
- Q 우주 장례 서비스는 비싼 비용을 치를 만큼 가치가 있을까?
- Q 심우주로 보내는 인간의 유해나 기념물은 우주 환경에 어떤 영향을 끼칠까?
- Q 우주 장례는 대중화될 수 있을까? 그렇게 된다면 우리 사회에 어떤 변화를 가져올까?
- Q 지구 환경을 생각했을 때 우주 장례는 친환경적인 대안이 될까?
- Q 미래에는 우주 공간을 어디까지 활용할 수 있을까?

찬반 토론 주제

우주 장례 서비스에 **찬성한다** vs **반대한다**

다음 어휘를 활용하여 자신의 생각과 의견을 글로 표현해 보세요.

유골 주검을 불에 태우고 남은 뼈. 또는 무덤 속에서 나온 뼈.

추모 죽은 사람을 그리며 생각함.

표류 정처 없이 흘러감. 목적이나 방향을 잃고 제 자리를 찾지 못함.

전통적인 장례와 비교해 '우주 장례'는 어떤 장단점이 있을까?

등골 브레이커가 된 K팝 공연 티켓값

연계 교과

사회	경제	3~4학년	자원의 희소성
		5~6학년	기업의 자유와 사회적 책임

읽기 자료

● 암표도 아닌데 137만 원 … K팝은 어쩌다 '등골 브레이커'가 됐나

2023년 5월 12일 자, 한국일보

읽기 자료 해설

비싸도 너무 비싼 티켓값

K팝 공연 티켓값이 논란을 빚었습니다. 2023년 미국에서 열린 BTS 멤버 슈가의 콘서트 티켓 가격은 무려 100만 원을 훌쩍 넘어섰을 정도인데요. 이렇게 K팝 공연 푯값이 폭등한 이유는 수요에 따라 가격이 달라지는 '가격변동제(다이내믹 프라이싱)' 때문입니다. 이 가격제는 미국의 티켓 판매 플랫폼인 티켓마스터의 서비스인데요. BTS의 소속사 하이브는 2023년 4월과 5월 미국에서 진행한 슈가의 공연과 5월부터 열린 투모로우바이투게더 미국 공연에 이 가격제를 도입했습니다.

티켓팅이 치열할수록 가격은 더 올라

가격변동제의 원리는 공급보다 수요가 많으면 정가보다 높게, 반대로 공급보다 수요가 낮으면 가격을 낮게 책정하는 것입니다. 문제는 인기 가수 공연의 경우 항상 치열한 티켓팅 전쟁이 벌어지기 때문에 '최대한 높은 가격을 받아내는 방식'으로만 작동한다는 점입니다. 관계자들은 이 시스템이 티켓을 싹쓸이한 뒤 웃돈을 얹어 재판매하는 리셀러들과 암표 거래를 막고, 티켓 수익을 가수와 공연 업체에 돌려주어 결과적으로 공연 산업을 성장시킨다고 주장합니다.

그러나 팬들의 생각은 다릅니다. K팝 팬들은 가격변동제 티켓이 정가로 살 수 있는 표의 수를 줄이는 데다가 고가에 맞는 특별한 혜택도 없고, 원칙적으로 환불이 불가하여 소비자 피해가 크다며 반발하고 있습니다.

국내 시장에도 가격변동제 도입할까?

영미권에서 시행한 가격변동제가 논란거리로 떠오른 가운데 하이브는 북미 시장을 중심으로 가격변동제를 확대하겠다는 뜻을 내비쳤는데요. 이에 K팝 팬들 사이에서는 국내 시장에도 이 가격제가 도입되는 게 아니냐는 우려의 목소리가 커지고 있습니다. 이에 하이브 측은 "북미 지역 외 가격변동제 추가 도입은 결정된 바 없다"라며 선을 그었습니다.

토론하기

토론 길잡이

시장 가격을 결정하는 기본 원칙인 수요와 공급에 대해 알아보고, 가격 변화를 일으키는 다른 요인에는 어떤 것들이 있는지 찾아봅시다. 또 수익 창출과 사회적 책임 사이에서 기업은 어떤 태도를 보여야 하는지 이야기해 봅시다.

생각을 깨우는 질문

Q 사려는 사람이 많으면 가격이 오르고, 사려는 사람이 적으면 가격이 떨어지는 것은 공정할까?

Q 모든 물건이나 서비스 가격이 항상 고정된 가격이라면 어떤 문제가 있을까?

Q 가격변동제는 어떤 장단점이 있을까?

Q 인기 스타의 공연에 가격변동제를 실시하는 것은 어떤 장단점이 있을까?

Q 수익 창출을 위해 가격변동제를 실시하는 기업을 어떻게 봐야 할까? 기업의 사회적 책임은 어디까지일까?

찬반 토론 주제

공급과 수요에 의해 가격이 실시간으로 변동되는 것은

합리적인 판매 방식이다 vs 그렇지 않다

다음 어휘를 활용하여 자신의 생각과 의견을 글로 표현해 보세요.

공급   요구나 필요에 따라 물품 등을 제공함.

수요   어떤 재화나 용역 등을 일정한 가격으로 사려고 하는 욕구.

반발   어떤 행동이나 상태에 대해 거스르고 반대함.

공연 티켓값에 가격변동제를 적용하는 것은 K팝 문화에 어떤 영향을 끼칠까?

 다이내믹 프라이싱

고정된 가격이 아니라 시장의 수요, 원가, 이익, 경쟁 상황, 유행 등을 고려해 가격을 탄력적으로 바꾸는 판매 방식을 '다이내믹 프라이싱(Dynamic Pricing, 가격변동제)'이라고 해요. 다이내믹 프라이싱을 가장 활발하게 적용하는 업종은 온라인 유통 산업입니다. 미국의 최대 온라인 쇼핑몰인 아마존은 상품 가격을 하루에 250만 번이나 바꾼다고 합니다. 국내에서도 쿠팡을 비롯한 이커머스 업체들이 이 가격제를 도입했는데요. 경쟁 업체가 판매 가격을 낮추면 곧바로 그에 대응하는 최저가 정책을 운용하는 방식으로 활용하고 있어요. AI, 빅데이터 기술의 발전과 맞물려 앞으로 다이내믹 프라이싱을 도입하는 기업들은 더 많아질 것으로 예상됩니다.

Part 3

소통, 협력, 공동체 의식 및 다양성 존중을 배우는 토론 주제

반려동물 장례식에도
조의금을 내야 하나요?

연계 교과

사회	사회·문화	3~4학년	다양한 문화의 확산과 이해, 사회 변화의 양상과 특징
도덕	타인과의 관계	3~4학년	타인에 공감하는 태도
		5~6학년	타인의 상황 관찰 및 도움 방안 탐색

읽기 자료

- "개 장례식장서 조의금 내야 하나요?" 반려동물 장례지도사에 물어 보니

2024년 1월 9일 자, 이데일리

읽기 자료 해설

가족이니 내는 게 도리 vs 개는 개일 뿐

한 온라인 커뮤니티에 "개 장례식에 조의금을 얼마나 해야 하냐"라는 질문이 올라와 인터넷을 뜨겁게 달구었습니다. 글쓴이는 친구의 강아지 장례식에 와 달라는 부탁을 받고 참석했다가 조의금 함을 보고 당황해 5만 원을 넣었다고 전했는데요. 이를 두고 네티즌 사이에서는 "반려견도 가족이니 조의금을 내는 것이 맞다"라는 의견과 "개도 조의금을 줘야 하냐"라는 의견이 엇갈리며 논쟁이 벌어졌습니다.

반려동물 조의금은 극히 드문 일

업계 종사자들에 따르면 반려동물 장례식에서 조의금을 내는 것은 매우 드문 일이라고 해요. 국내 유일의 공공 반려동물 추모공원 관계자는 "반려동물 장례식에 참석하는 사람들은 점점 늘고 있지만, 식장에 따로 조의금 함을 둔다거나 조의금을 내는 문화는 없다"라고 밝혔습니다. 또 반려동물 장례식은 보통 2시간 정도면 끝나고, 식사도 제공하지 않는다고 덧붙였습니다. 다른 동물 장례 업체도 장례식장 내 조의금 함을 설치하지 않는다고 말하며, 반려동물 장례식에서 조의금을 내는 것이 일반적이지 않다는 데 의견을 같이 했습니다.

토론하기

토론 길잡이

반려동물을 키우는 인구가 점점 늘어나는 시대에 반려동물 장례식과 조의금은 하나의 문화로 정착될 수 있을지 이야기해 봅시다. 또 사랑하는 반려동물을 잃은 타인의 슬픔에 공감하는 것과 조의금은 어떤 관계가 있을지 생각해 봅시다.

생각을 깨우는 질문

Q 친구에게 반려동물 장례식에 와 달라는 요청을 받았다면 어떻게 할 것인가?

Q 반려동물 장례식에 참석하고 조의금을 내는 것은 상대를 위로하는 데 필요한 방식일까?

Q '반려동물 장례식과 조의금 문화가 반려동물을 지나치게 인간화한다'는 의견에 대해 어떻게 생각해?

Q 반려동물 장례식과 조의금 문화가 우리 일상으로 자리 잡을 수 있을까?

찬반 토론 주제

반려동물 조의금, **반려동물도 가족이니 내는 게 맞다** vs **지나친 행동이다**

다음 어휘를 활용하여 자신의 생각과 의견을 글로 표현해 보세요.

조의금 남의 죽음을 슬퍼하는 뜻으로 내는 돈.

조문 남의 죽음에 대하여 슬퍼하는 뜻을 드러내 상주(죽음에 대한 의례를 대표하는 사람)를 위로 방문하는 것.

추모 죽은 이를 그리워하고 잊지 않음.

바람직한 반려동물 장례 문화는 어떤 모습일까?

흑인 인어공주를 둘러싼 논란

연계 교과

사회	사회·문화	3~6학년	문화 다양성 존중, 문화 다양성으로 인한 문제 해결, 상대주의 관점에서 문화를 이해하는 태도
	경제	5~6학년	기업의 자유와 사회적 책임
도덕	타인과의 관계	3~4학년	타인에 대한 공감
		5~6학년	서로의 다름을 존중해야 하는 이유, 편견 사례와 수정 방안 제안

읽기 자료

● 흑인 인어공주에 세계적 '별점 테러'…개봉 첫 주 수입 2천500억 원

2023년 5월 30일 자, 연합뉴스

읽기 자료 해설

영화에 쏟아진 별점 테러

2023년 5월 디즈니의 실사 영화 〈인어공주〉가 개봉한 이후 우리나를 비롯해 세계 곳곳에서 '별점 테러'가 벌어졌습니다. 의도적으로 낮은 별점을 줌으로써 흑인 인어공주에 대한 불만을 표시한 겁니다. 〈인어

공주〉는 디즈니가 주인공 에리얼 역에 흑인 가수 겸 배우인 할리 베일리를 캐스팅했을 때부터 블랙워싱 논란에 휩싸였습니다.

블랙워싱 논란

블랙워싱(Black Washing)이란 할리우드 등 서양 주류 영화계에서 무조건 백인 배우를 기용하는 화이트워싱(White Washing)에 반대되는 개념으로 인종적 다양성을 추구하기 위해 작품에 유색 인종 배우를 등장시키는 행태를 말합니다.

흑인 인어공주에 불만을 터뜨린 사람들은 디즈니가 '정치적 올바름'에 빠져 원작을 훼손했다고 말합니다. 안데르센 원작 동화에는 인어공주에 대한 구체적인 묘사가 없지만, 1989년 디즈니가 만든 애니메이션의 인어공주는 빨간 머리에 파란 눈을 가진 백인으로 등장하죠. 원작 애니메이션의 에리얼 이미지가 워낙 강렬한 탓에 흑인 인어공주에게 위화감을 느낀 것입니다.

디즈니의 '정치적 올바름' 행보

디즈니는 자사의 마블 스튜디오 영화를 비롯해 애니메이션 실사 영화들에 '정치적 올바름'을 적극적으로 드러내 왔습니다. 〈알라딘〉에서는 아랍계 배우가 주인공인 '알라딘'을 맡았고, 〈라이온 킹〉에서는 흑인 가수 비욘세가 여자 주인공인 '날라'의 목소리를 연기했습니다. 그뿐 아니라 2024년에 개봉할 예정이었던 〈백설공주〉의 주인공을 피부색이 진한 라틴계 배우 레이첼 지글러가 맡아 또 한 번 논란이 일었는데요. 부정적 여론을 의식한 탓인지 영화 개봉을 2025년으로 연기했다고 합니다.

토론하기

토론 길잡이

모두의 다름과 차이를 인정하는 것은 문화 다양성과 무슨 관련이 있을까요? 이와 관련한 기업의 사회적 책임과 역할은 어디까지인지 '흑인 인어공주' 논란을 예로 들어 이야기해 봅시다.

생각을 깨우는 질문

Q 인어공주 역에 흑인 배우가 캐스팅된 것을 두고 왜 논란이 벌어졌을까?

Q 관객들의 별점 테러는 정당한 의사 표현일까?

Q 실사 영화를 만들 때 원작을 반드시 따라야 할까?

Q 많은 비판에도 디즈니가 정치적 올바름을 내세우는 이유는 무엇일까?

Q '정치적 올바름'이 관객들의 외면과 흥행 실패로 이어진다면 디즈니는 어떤 결정을 내려야 할까?

Q 기업은 이윤 추구를 먼저 생각해야 할까? 사회적 책임을 다해야 할까?

찬반 토론 주제

'정치적 올바름'을 추구하는 디즈니의 행보를 **지지한다** vs **반대한다**

논술력 키우기

다음 어휘를 활용하여 자신의 생각과 의견을 글로 표현해 보세요.

기용 능력 있는 사람을 중요한 자리에 뽑아서 씀.

훼손 명예나 체면, 품위 따위를 손상함.

위화감 어울리지 못하는 어색한 느낌.

피부색이 진한 라틴계 배우가 백설공주 역할을 맡는 것에 대해 어떻게 생각해?

 정치적 올바름

PC(Political Correctness, 정치적 올바름) 주의란 사회의 어떤 집단에게도 불쾌감이나 불이익을 주지 않기 위해 편견이 담긴 표현을 사용하지 말자는 정치·사회적 운동을 말해요. 그러나 '정치적 올바름'이 언제나 환영받는 것은 아닙니다. 일부 사람들은 정치적 올바름이 지나치면 창의성이나 자유로운 표현을 제한할 수 있다고 생각합니다. 또 어떤 사람들은 '정치적 올바름'을 억지로 강요당한다고 느낍니다. 이런 경우 자신의 의견을 말하지 못하고 침묵하거나 의식적으로 '올바른 말'만 하려고 드는 문제가 생기기도 합니다. 따라서 모두의 다양성을 존중하면서도 여러 의견과 창의성이 존중되는 균형이 필요합니다.

꼭 통일을 해야 하나요?

연계 교과

도덕	사회·공동체와의 관계	3~4학년	통일의 필요성
		5~6학년	통일 과정과 통일 이후의 사회
사회	한국사	5~6학년	평화통일을 위한 노력

읽기 자료

● "학생 39% '통일 불필요'…'통일 필요' 응답 첫 절반 아래로"

2024년 3월 16일 자, 연합뉴스

읽기 자료 해설

초·중·고 대상 '통일교육 실태조사' 결과는?

교육부와 통일부가 초·중·고 756개교 학생 및 교사, 관리자를 대상으로 실시한 〈2023년 학교 통일교육 실태조사〉 결과를 발표했습니다. 조사 결과 '통일이 필요하다'고 응답한 학생의 비율은 2014년 조사가 시작된 이래 처음으로 50% 아래인 49.8%를 기록했습니다. 반면에 '통일이 불필요하다'고 답한 학생은 2020년 24.2%, 2021년 25%. 2022년 31.7%에 이어 2023년 38.9%로 대폭 올라 가장 높은 수준을 보였습니다. 통일이 필요하지 않은 이유로는 '통일 이후 생겨날 사회적 문제 때문'이라는 응답이 28.6%로 가장 많았고, '통일에 따르는 경제적 부담 때문'이라는 응답이 27.9%로 그 뒤를 이었는데요. 이는 통일이 가져올 부정적 영향에 대한 우려가 크기 때문으로 보입니다. 그뿐 아니라 통일에 대한 관심 자체도 해마다 감소했는데요. '관심 없다'는 응답은 지난 2020년 20.2%에서 꾸준히 증가해 2023년에는 28.3%로 집계되었습니다. '관심 있다'는 응답은 같은 기간 50.5%에서 43.7%로 낮아졌어요.

북한에 대한 부정적 인식 강화

북한에 대한 부정적 인식도 강화된 것으로 나타났습니다. '북한으로 인한 한반도 군사적 충돌·분쟁 가능성'에 '약간 있다'고 답한 학생은 56.5%, '많이 있다'고 답한 학생은 24.1%로 상당수 응답자가 충돌 가능성을 우려했습니다. 또 북한을 '협력 대상'으로 보는 응답자는 감소했지만, '경계·적대 대상'으로 보거나 남북 관계가 '평화롭지 않다'고 생각하는 비율은 증가했습니다. 이번 조사 결과를 두고 통일부는 미래 세대의 통일 인식을 제고시켜 나가기 위해 다양한 교육 콘텐츠와 학습 자료를 개발·보급해나갈 계획이라고 밝혔습니다.

토론하기

토론 길잡이

1945년 이후 분단국가로 살아가는 우리 상황을 공유하고, 남북 분단 기간이 길어지면서 통일에 대한 염원이 갈수록 흐려지는 이유에 대해 논의해 봅시다. 또 평화가 중요한 이유에 대해서도 서로의 생각을 나눠 봅시다

생각을 깨우는 질문

Q 남북통일이 이루어진다면 어떤 점이 좋을까, 문제는 없을까?

Q 공식적인 '휴전' 상태는 어떤 의미일까?

Q 통일하지 않고 분단 상태를 유지하는 것은 어떤 면에서 장단점이 있을까?

Q 남북 문화 교류가 통일을 이루는 데 어떤 도움이 될까?

Q 학생들의 '통일 필요' 인식이 해마다 감소하는 이유는 무엇일까? 또 세대별로 통일 필요 인식 수준이 다른 이유는 무엇일까?

찬반 토론 주제

남북통일은 **꼭 해야 한다** vs **꼭 해야 하는 것은 아니다**

논술력 키우기

다음 어휘를 활용하여 자신의 생각과 의견을 글로 표현해 보세요.

경계(警戒) 뜻밖의 사고나 잘못되는 일이 일어나지 않도록 미리 조심하여 단속함. 군사적으로는 적의 기습 같은 예상치 못한 침입을 막기 위해 주변을 살피며 지키는 것.

체제 사회를 하나의 유기체로 볼 때 그 조직이나 상태를 이르는 말.

평화로운 남북관계를 위해서는 어떤 노력이 필요할까?

 지정학적 리스크

우리나라를 거론할 때 '지정학적 리스크(위험)'라는 말이 자주 등장하는 데요. 여기서 '지정학'이란 지리적 조건과 경제 등이 국가 간 정치와 상호 관계에 어떤 영향을 주는지를 탐구하는 학문을 말해요. 한마디로 '지정학적 리스크'란 한 나라나 지역의 정치적, 경제적, 군사적 상황 때문에 일어나는 위험을 말합니다. 우리나라는 지정학적으로 보면 분단국가로서 공식적인 '휴전' 상태입니다. 이런 상황은 우리의 안전과 직접적인 관련이 있어요. 북한이 어떤 행동을 하고, 그것이 우리에게 어떤 영향을 끼칠지 항상 주의를 기울여야 하는 거죠. 우리나라 상황이 거론될 때마다 '지정학적 리스크'라는 용어가 자주 등장하는 이유가 바로 여기 있습니다.

세계 슈퍼 리치들 세금 더 내길 원해

읽기 자료

- "세금 더 내게 해주세요" … '부유세' 과세 요구하는 슈퍼 리치들

2024년 1월 18일 자, 전자신문

읽기 자료 해설

슈퍼 리치들, "우리에게 세금을 더 부과하라!"

세계의 초고액 자산가, 일명 슈퍼 리치 250명이 세계경제포럼(WEF, 다보스 포럼)에 참석한 정치 지도자들에게 공개서한을 보내 자신들에게 부유세를 부과하라고 촉구했습니다. 이들은 자신들을 '가장 많은 혜택을 받은 사람들'이라고 소개하면서 "이것이 우리의 생활 수준을 바꾸거나 국가의 경제 성장에 해를 끼치지 않을 것"이라고 말했어요. 또 불평등이 심각한 수준에 이르렀고 경제적, 사회적,

생태적 안정에 대한 위기가 날로 심각해지는 만큼 행동이 필요하다고 주장했습니다. 이 서한에는 디즈니의 상속자, '석유왕' 록펠러의 후손, 할리우드의 유명 배우 겸 작가 등 17개국의 갑부들이 서명했다고 합니다. 2023년에도 슈퍼 리치 205명이 비슷한 내용의 공개서한을 발표한 적이 있습니다.

팬데믹 후 세계 5대 부자
재산 2배 이상 증가

앞서 국제구호개발기구 옥스팜(Oxfam)은 다포스 포럼 개막에 맞춰 〈불평등 주식회사〉 보고서를 발표했습니다. 이 보고서는 팬데믹 이후 세계 5대 부자의 자산이 2배 이상 증가했으며, 이런 추세라면 10년 안에 사상 최초의 '조만장자'가 나올 것이지만, 빈곤은 229년간 근절되지 않을 것이라고 예측했습니다.

이번 서한과 함께 G20 국가의 세계 부유층 2,300명을 대상으로 한 설문 조사도 공개됐는데 응답자의 74%가 생활 비용 문제 해결과 공공 서비스 개선을 위한 세금 인상을 지지한다고 밝혔습니다. 또한 응답자의 58%는 1,000만 달러(약 134억 원) 이상의 재산을 보유한 사람에 대해 2%의 부유세를 도입하는 것에 찬성했고, 54%는 부가 과도하게 집중되면 민주주의를 위협할 것이라는 의견을 내놓기도 했습니다.

토론하기

토론 길잡이

전 세계적으로 심각한 경제적 불평등과 그로 인해 생기는 다양한 사회 문제를 해결하는 데 부유세가 도움이 될지 논의해 봅시다. 또 부의 분배와 민주주의가 어떻게 연결되는지도 생각해 봅시다.

생각을 깨우는 질문

Q 일부 슈퍼 리치들이 '부유세를 부과하라'고 주장하는 이유는 무엇일까?

Q 부유세가 국가 경제와 사회에 어떤 영향을 미칠까?

Q 부유세로 걷은 세금은 어떻게 쓰여야 할까?

Q 팬데믹 같은 상황은 왜 부자를 더 부자로, 가난한 사람을 더 가난하게 만들까?

Q 부의 지나친 불평등이 사회적으로 큰 문제가 되는 이유는 무엇이며, 이를 어떻게 해결할 수 있을까?

Q 인류의 발전과 번영을 위해 빈곤 문제의 해결이 중요한 이유는 무엇일까?

찬반 토론 주제

슈퍼 리치들에게 부유세를 **부과해야 한다** vs **부과하면 안 된다**

다음 어휘를 활용하여 자신의 생각과 의견을 글로 표현해 보세요.

부과   세금이나 부담금 따위를 매기어 부담하게 함. 일정한 책임이나 일을 부담하여 맡게 함.

근절   어떤 사물이나 현상을 다시는 발생할 수 없도록 그 근원을 없애 버림.

조만장자   1조 달러, 우리나라 돈으로 1,000조 원의 재산을 지닌 부자를 뜻하는 신조어. 아직 1조 달러 재산을 보유한 사람은 없음.

'공정한 분배'란 무엇이며, 어떻게 실현될 수 있을까?

 부유세

부유세는 경제적 불평등과 양극화 해소 등을 목적으로 자산가들에게 걷는 세금입니다. 1910년 스웨덴이 최초로 도입했다가 부자들이 세금을 피해 해외로 재산을 빼돌리는 바람에 2007년에 폐지했습니다. 현재는 스위스, 노르웨이 등 일부 국가에서만 부유세 제도를 시행하고 있어요.

전 세계적으로 다시 부유세 논란이 일게 된 것은 코로나19 팬데믹 이후인데요. 이 시기에 부자는 더 부자가 되고 가난한 사람은 더 가난해지는 경제 불평등 현상이 심해졌기 때문입니다.

'시체관극' 관람 매너일까, 지나친 요구일까?

도덕	타인과의 관계	3~4학년	타인에 대한 공감
		5~6학년	타인의 상황 관찰과 도움 방안 탐색
	사회·공동체와의 관계	5~6학년	정의로운 공동체를 위한 규칙

읽기 자료

- "숨소리 거슬려"… 뮤지컬 '시체관극' 악습에 팬들 "억울해"

2023년 12월 16일 자, 국민일보

읽기 자료 해설

'시체관극'이 뭐길래?

한국 공연계에서 '시체관극'이라는 문화가 논란의 대상이 되고 있습니다. '시체관극'이란 뮤지컬이나 연극을 관람하면서 작은 소리나 움직임 없이 말 그대로 '시체처럼' 조용히 공연을 보는 것을 말합니다.

유독 우리나라에만 유행하는 이 문화가 논란이 된 것은 어떤 사건 때문인데요. 한 문화전문 기자가 취재를 위해 뮤지컬을 관람하던 중에 메모를 했는데, 이에 옆자리 관객이 시끄럽다고 항의했다는 사실이 알려지면서부터입니다. 이를 계기로 '시체관극'을 겪어 봤다는 다양한 경험담이 온라인에서 공유되었는데요. 인공와우를 착용한 청각장애인이 공연 중 기계 소리 때문에 항의를 받은 적이 있다거나, 작은 뒤척임이나 시계 초침 소리로 인해 다른 관객으로부터 핀잔을 들었다는 일이 알려지면서 논란을 부추겼습니다.

비싼 티켓값이 문제

'시체관극' 논란에 연극·뮤지컬 마니아 관객들은 억울하다는 입장입니다. 비싼 티켓값을 낸 만큼 공연에 집중하고 싶은 마음이 크고, 또 아무리 작은 소리라도 공연장 안에서는 관람에 방해가 될 수 있다는 거죠. 이는 개인의 이기심보다는 공연 제작사와 공연장 측의 책임이 크다고 주장합니다. 대극장 기준으로 VIP석이 최대 19만 원에 달하는 터무니 없이 비싼 티켓 가격과 열악한 관람 환경이 '시체관극' 문화를 조장하고 있다는 겁니다. 공연을 보기 위해 비싼 가격을 감당한 만큼 작은 소리에도 예민해질 수밖에 없다는 것이 그들의 주장입니다.

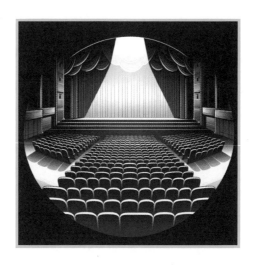

토론하기

토론 길잡이

'시체관극'을 관람 매너로 봐야 할지, 마니아 관람객들의 지나친 요구로 봐야 할지 이야기해 보고, 더불어 사는 공동체를 위한 규칙과 배려에 대해서도 논의해 봅시다.

생각을 깨우는 질문

Q '시체관극'이란 표현에 대해 어떻게 생각해?

Q 우리나라 공연계에서 이런 문화가 유행하는 이유는 무엇일까?

Q 비싼 티켓값이 문제라는 지적에 대해서 어떻게 생각해?

Q 비싼 티켓을 구매한 관객들이 더 수준 높은 관람 경험을 기대하는 것은 합리적인 생각일까?

Q '시체관극' 문화는 공연계에 어떤 영향을 줄까?

찬반 토론 주제

'시체관극'은 **기본적인 관람 매너이다** vs **마니아 관객의 지나친 요구이다**

논술력 키우기

다음 어휘를 활용하여 자신의 생각과 의견을 글로 표현해 보세요.

관극 연극을 구경함.

핀잔 못마땅하게 여겨 맞대 놓고 꾸짖음.

조장(助長) 바람직하지 않은 일을 더 심해지도록 부추김.

공연 관람 중에 다른 관객과 갈등을 생겼다면 어떻게 해결하는 것이 좋을까?

외국에서나 보던 팁 문화가 우리나라에?

연계 교과

사회	경제	3~4학년	경제 활동, 생산과 소비활동
		3~6학년	경제 성장의 문제를 합리적으로 해결하기
	사회·문화	3~4학년	사회 변화의 양상과 특징, 생활 모습의 변화

읽기 자료

● 택시·카페 확산되는 팁 논란⋯ "강요된 부담" vs "호의"   2023년 8월 23일 자, SBS뉴스

읽기 자료 해설

'팁플레이션'을 겪는 미국과 유럽

미국과 유럽에서 보편화된 팁 문화. 그런데 요즘 미국에서는 팁 때문에 스트레스를 받는 사람이 많다고 합니다. 보통 음식값의 10~15%였던 팁이 코로나19 이후 많게는 30%까지 올랐기 때문인데요. 게다가 서비스 만족에 따라 자율적으로 주던 팁을 일정 비율로 강제하거나 키오스크 주문에도 팁을 요구하는 음식점이 늘어나면서 불만의 목소리가 커지고 있습니다. 팁 때문에 물가가 오른다는 '팁플레이션(팁+인플레이션)'이라는 말까지 등장할 정도라고 합니다.

우리나라도 팁 문화 도입?

팁 문화가 익숙하지 않은 우리나라에서도 비슷한 논란이 불거졌습니다. 그 시작은 카카오모빌리티의 '감사 팁' 기능 도입인데요. 승객이 택시에서 내린 뒤 기사의 서비스가 마음에 들었으면 자율적으로 1,000원에서 2,000원까지 봉사료를 줄 수 있도록 한 것입니다. 카카오모빌리티 측은 승객의 자율적인 선택이라고 밝혔지만, 소비자들의 반응은 차가웠습니다. 또 팁 박스가 있는 베이글 카페, 팁 안내문이 붙어 있는 음식점 등이 온라인에서 화제가 되며 팁 문화 논란은 더욱 거세졌습니다.

팁 문화와 관련해 실시한 온라인 설문 조사에서는 61%의 응답자가 부정적인 반응을 보였는데요. 우리나라는 미국과 달리 식품위생법상 음식값에 봉사료가 포함되어 있어 팁을 줄 이유가 없다는 의견이 많은 가운데 손님이 원해서 주는 팁은 법적으로 문제가 없다는 의견도 있었습니다.

토론하기

토론 길잡이

미국이나 유럽 등 일부 나라에서 왜 팁이 보편적인 문화로 자리 잡았는지 알아
보고, 우리나라에 팁 문화가 등장한 배경은 무엇인지, 팁 문화의 도입과 확산은
우리 사회에 어떤 영향을 끼칠지 이야기해 봅시다.

생각을 깨우는 질문

Q 팁을 주는 것이 소비자의 자율적인 선택이라면 문제가 없을까?

Q 팁 문화 확산은 소비자에게 어떤 부담을 줄까? 또 사회와 경제에 어떤 영향을
끼칠까?

Q 팁 문화가 서비스의 질을 높이는 데 도움이 될까?

Q 팁을 일정 비율로 강제하거나 키오스크 주문 시에도 팁을 요구하는 것은 괜찮
을까?

Q 우리나라에는 생소한 팁 문화가 하나 둘 생겨나고 있는 이유는 무엇일까?

찬반 토론 주제

우리나라 팁 문화 도입, **소비자가 선택할 수 있으면 괜찮다** vs **도입하면 안 된다**

논술력 키우기

다음 어휘를 활용하여 자신의 생각과 의견을 글로 표현해 보세요.

보편화   널리 일반인에게 퍼짐. 또는 그렇게 되게 함.
인플레이션   화폐 가치가 떨어져 물가가 계속 오르는 현상.
봉사료   남을 위해 일하거나 애쓴 수고로 받거나 주는 대가.

설문 조사에 따르면 우리나라 국민의 60% 이상이 팁 문화 도입에 부정적인데, 그 이유가 무엇일까?

 인플레이션과 디스인플레이션

인플레이션(Inflation)은 물건이나 서비스 가격이 계속 상승하는 현상을 말합니다. 인플레이션이 발생하면 돈의 가치가 떨어져 같은 돈을 내더라도 더 적은 양의 물건이나 서비스를 구매할 수밖에 없어요. 디스인플레이션(Disinflation)은 인플레이션의 속도가 줄어드는 현상을 말하는데요. 물가는 여전히 오르는 중이지만, 그 속도가 이전보다 느려지는 경우를 가리킵니다. 디스인플레이션은 인플레이션을 통제하기 위한 경제 조정 정책으로 경기 침체를 동반한 물가 하락을 뜻하는 '디플레이션'과 달리 상승한 물가를 일정 수준으로 유지하는 것을 목표로 합니다.

'신상 털기' 정의 구현일까, 마녀 사냥일까?

연계 교과

사회	법	5~6학년	인권의 의미, 인권 침해 문제 해결
		3~6학년	법적 문제 관련 정보 수집·분석, 시민으로서의 준법 태도
도덕	사회·공동체와의 관계	5~6학년	인권 존중, 정의로운 공동체

읽기 자료

● 사법 처리는 '고구마', 신상털이는 '사이다'?… 인터넷 사적 제재에 엇갈리는 반응

2023년 10월 17일 자, 조선비즈

읽기 자료 해설

대놓고 "신상 털어 달라" 요청

사회적으로 큰 논란이 된 가해자의 개인 정보를 인터넷에 공개하는 신상 털기가 활발해지면서 네티즌들이 "신상을 좀 털어달라"며 대놓고 요청하는 일이 늘어나고 있습니다. 공적인 사법 절차는 처벌하는 데까지 시

간이 오래 걸리지만, 신상 털기 같은 사적 제재는 빠르고 그 효과가 확실하다는

점에서 대중들에게 긍정적 반응을 얻고 있습니다. 하지만 전문가들 사이에서는 실질적인 범죄 예방 효과는 없다는 의견이 지배적입니다.

신상 털기 사례들

최근 일부 교사들이 극단적 선택을 하면서 해당 교사를 괴롭혀 온 것으로 지목된 가해자들의 신상이 SNS를 통해 알려졌는데요. 이로 인해 가해 학부모가 직장을 그만두거나 운영하던 가게를 폐업하는 일이 벌어지기도 했습니다. 신상 공개를 통한 사적 제재는 최근 일만은 아닙니다. 2020년 강력 범죄자의 신상을 공개한 '디지털교도소', 2018년 양육비 미지급 부모의 신상을 공개한 '배드파더스' 역시 사적 제재 논란을 일으키며 사람들의 주목을 받았습니다.

신상 털기에 엇갈리는 반응

통쾌하다는 대중들의 반응과 달리 전문가들은 이러한 신상 털기가 오히려 사회에 악영향을 줄 수 있다고 말합니다. 범죄 예방 효과를 증명할 수 없을뿐더러 사적 제재가 계속된다면 오히려 법치주의를 무너뜨리는 결과를 불러와 범죄자들이 더욱 활개를 칠 거라는 의견입니다. 게다가 가해자 신상을 공개하는 과정에서 잘못된 정보로 엉뚱한 피해자가 생길 수 있다는 부작용도 있습니다.

한편으로는 사람들이 사적 제재에 열광하는 원인을 살펴야 한다는 목소리도 나옵니다. 법에 대한 불신, 피해자보다 가해자 인권을 더 우선하는 것 같은 상황이 국민들로 하여금 사적 제재를 응원하게 만든다는 겁니다. 따라서 범법자에 대한 법적 처벌 강화와 처벌의 확실성 등 체계를 재정비하여 사법 체계에 대한 신뢰를 회복하는 것이 사적 제재 열풍을 잠재울 수 있을 것이라는 의견도 제기되고 있습니다.

토론하기

토론 길잡이

신상 털기가 문제가 되는 이유와 개인 정보를 보호하는 것의 의미를 알아보고,
민주주의 사회에서 법치주의의 중요성, 사회 정의와 질서 유지를 위한 국가와
시민의 역할에 대해 이야기해 봅시다.

생각을 깨우는 질문

Q 대중들이 신상 털기 같은 사적 제재에 열광하는 이유는 무엇일까?

Q 공익을 위해서 기본적 인권인 개인 정보를 무단으로 공개하는 것이 정당할까?

Q 신상 털기 같은 불법 행위로 가해자를 처벌하는 것은 옳은 행위인가?

Q 사적 제재는 범죄율을 줄이는 데 도움이 될까?

Q 사적 제재는 '정의'를 실현하는 수단이 될 수 있을까?

Q 법은 사회 질서 유지에 어떤 역할을 할까?

찬반 토론 주제

가해자 신상 털기 같은 사적 제재는 **긍정적 효과가 있다** vs **위험하다**

다음 어휘를 활용하여 자신의 생각과 의견을 글로 표현해 보세요.

신상 털기   인터넷 검색을 통해 알아낸 개인 신상 정보를 온라인에 퍼뜨리는 일.

사적 제재   공공의 권력이나 사법적 절차에 의하지 않고 개인 또는 집단이 범죄자에게 벌을 주는 행위.

법치주의   국민의 의사를 대표하는 국회에서 만든 법률을 따르지 않고서는 나라나 권력자가 국민의 자유나 권리를 제한하거나 의무를 지울 수 없다는 정치 원리.

범법자   법을 어긴 사람.

우리가 법을 신뢰하지 못하고 사적 제재를 지지한다면 사회 분위기는 어떨까?

흉악범 동의 없어도 '머그샷' 공개

연계 교과

도덕	사회·공동체와의 관계	5~6학년	인권 존중, 정의로운 공동체를 위한 규칙
사회	정치	3~6학년	사회 문제 해결에 참여
	법	5~6학년	법의 의미와 역할, 인권의 의미, 헌법상 인권의 내용, 인권 침해 문제의 해결

읽기 자료

● 오늘부터 피의자 동의 없이 '머그샷' 공개 　　　　　2024년 1월 25일 자, 아시아투데이

읽기 자료 해설

공익 차원에서 범죄자 얼굴 공개, 강제 촬영도 가능

'머그샷 공개법'이 지난 2023년 10월 국회 본회의를 통과해 2024년 1월 25일부터 시행되었습니다. '머그샷'은 범인의 인상착의를 기록하기 위해 체포 시점에 촬영한 얼굴 사진을 말합니다. 이번 법 시행에 따라 검찰과 경찰은 중대 범죄 피의자의 얼굴을 공개할 때 체포 후 30일 이내의 모습을 공개해야 하며, 필요하면 피의자의 동의 없이 얼굴을 강제로 촬영해 공개할 수 있습니다. 또 재판 단계에서 죄명이 변경되어 신상정보 공개 대상이 된 경우 피고인의 신상 공개도 가능합니다.

알 권리냐 인권이냐

하지만 이 법안은 무죄 추정 원칙과 가해자의 인권을 침해할 우려가 있다는 점에서 논란이 많습니다. '무죄 추정 원칙'이란 유죄 판결이 확정되기 전까지는 무죄로 간주한다는 원칙을 말합니다.

전문가들도 의견이 엇갈립니다. 한 법학 전문가는 머그샷 공개가 국민의 알 권리와 직접적인 관계가 없으며, 범죄자로 낙인찍히는 바람에 재판 공정성에 부정적 영향을 줄 수 있다고 지적합니다. 또 다른 전문가는 국민의 알 권리를 위해 머그샷 공개가 필요하다고 주장하면서도 수사 기관이 확실한 증거가 있을 때 공개하는 것이 바람직하다고 말합니다.

한편 흉악범죄가 잇따르면서 국민 사이에서는 머그샷을 공개해야 한다는 요구가 빗발쳤습니다. 지난 2023년 6월과 7월에 걸쳐 국민권익위원회가 조사한 설문 결과에서 응답자 중 96.3%가 강력 범죄자의 신상 공개 확대가 필요하다고 답했고, 95.5%는 머그샷 등 최근 사진을 공개해야 한다고 답했습니다. 법무부는 "중대 범죄자의 신상 공개 제도 정비로 인해 유사 범죄를 예방하고 국민의 알 권리를 보장할 수 있을 것"이라고 말했습니다.

토론하기

토론 길잡이

'머그샷 공개법'은 사회 공동체의 안전을 위해 어떤 역할을 하는지, 반대로 피의자의 인권 침해 문제는 없는지 논의해 봅시다. 아울러 법을 제정할 때 국민 여론을 반영하는 것이 옳은지, 반영한다면 어느 정도가 적당한지도 생각해 봅시다.

생각을 깨우는 질문

Q 중대 범죄를 저지른 범인의 얼굴을 공개하는 것은 어떤 효과가 있을까?

Q '머그샷 공개법' 시행 후에 '무죄 추정의 원칙'을 어떻게 보장할 수 있을까?

Q 머그샷 공개는 범죄 예방에 효과적일까?

Q '머그샷 공개법'의 부작용은 없을까?

Q 국민 여론은 법 제정에 어떤 영향을 미칠까? 법을 제정할 때 여론을 반영하는 것은 어떤 장단점이 있을까?

찬반 토론 주제

'머그샷 공개법'에 **찬성한다 vs 반대한다**

다음 어휘를 활용하여 자신의 생각과 의견을 글로 표현해 보세요.

침해　남의 권리나 재산 따위를 함부로 침범하여 손해를 끼침.

신상정보　한 사람의 몸이나 처신, 또는 그의 주변에 관한 일이나 형편에 관한 정보.

낙인찍다　벗어나기 어려운 부정적 평가를 내리다.

범죄자의 인권을 어디까지 보호해야 할까?

 머그샷의 유래

머그샷(Mugshot)은 체포된 범인을 촬영한 사진을 말하는데, 공식 명칭은 '폴리스 포토그래프(Police Photograph)'입니다. 얼굴을 뜻하는 머그(Mug)라는 은어가 머그샷의 유래인데요. 18세기 머그잔에 얼굴 모양의 부조를 장식하는 경우가 많아서 그런 은어가 생겼다고 하네요. 머그샷은 19세기 미국의 탐정 앨런 핑커턴에 의해 도입되었는데, 범인을 잡기 위해 붙이는 현상수배 전단에서 아이디어를 얻었다고 합니다.

103년 만에 짧은 머리 '미스 프랑스' 탄생

연계 교과

| 사회 | 사회·문화 | 3~6학년 | 문화 다양성으로 인한 문제 해결, 문화 다양성을 존중하는 태도 |
| 도덕 | 타인과의 관계 | 5~6학년 | 서로의 다름을 존중해야 하는 이유, 편견 사례를 찾고 수정 방안 제안 |

읽기 자료

- 숏컷 '미스 프랑스'에 시끌…"전통적 미 아냐" vs "다양성 승리"

2023년 12월 18일 자, 연합뉴스

읽기 자료 해설

전통적인 여성미 무시?

프랑스 미인대회 우승자 '미스 프랑스'가 논란에 휩싸였습니다. 2024 미스 프랑스로 선정된 이브 질은 정당한 절차를 거쳐 프랑스 최고 미인으로 뽑혔지만, 그녀의 외모를 두고 불만의 목소리가 터져 나온 것인데요. 일부 전통주의자들은 검고 짧은 머리와 마른 몸매를 가진 참가자의 우승이 대회가 요구하는 여성미의 기준을 무시했다고 비판했습니다. 전원 여성으로 구성된 심사위원단이 다양성을 강조하는 '워크(woke)'를 염두에 두고 우승자를 선정했다는 겁니다. 워크는

'깨어 있음', '각성'이란 의미로 보수 진영에서 '정치적 올바름' 이슈에 과잉 반응하는 이들을 비꼬는 의미로 쓰이는 신조어입니다. 이날 프랑스 국민 700만 명이 이 대회를 시청했으며, 우승자 선정에 있어 대중 투표가 50% 비중을 차지했다고 합니다.

대회 역사상 짧은 머리 우승자는 처음

103년 미스 프랑스 대회 역사상 짧은 머리 우승자는 이번이 처음인데요. 과거 우승자들은 길고 찰랑거리는 머리, 풍만한 신체 곡선, 큰 키를 가진 여성들이 주를 이루었다고 합니다. 대회 주최 측은 이브 질의 우승을 다양성의 승리로 평가했어요.

그동안 프랑스 미인대회는 1970년대 이후 획일화된 미의 기준을 강요한다는 공격을 받아왔습니다. 이를 의식하여 2022년에는 '24세 이상의 미혼으로 출산 경험이 없어야 한다'는 규정을 폐지했습니다. 그러나 대회 참가 기준은 여전히 높습니다. 키가 170cm 이상이어야 하고, 미스 프랑스로 선발된 후에도 체중이나 머리 모양을 그대로 유지해야 하며, 문신이나 피어싱을 하지 않겠다는 서약도 해야 한다고 하네요.

토론하기

토론 길잡이

다양성 시대에 아름다움을 어떤 기준으로 평가해야 하는지, 미를 평가하는 것
자체가 차별의 요소는 없는지 생각해 봅시다. 또 차별과 편견을 줄이고 포용적
인 사회를 만들기 위해서는 어떤 노력이 필요한지 이야기해 봅시다.

생각을 깨우는 질문

Q 긴 머리는 여성미의 상징일까?

Q 전통적인 여성미는 무엇을 말하는 것일까?

Q 미의 기준은 시대에 따라 달라져야 할까?

Q 미인대회에서 다양한 체형과 스타일, 문화적 배경 등을 가진 참가자들을 어떤
　기준으로 심사하는 게 바람직할까?

Q 서로의 다름을 존중하는 것은 왜 중요한가?

찬반 토론 주제

미의 기준에서 **외적 아름다움이 더 중요하다** vs **내면의 아름다움이 더 중요하다**

다음 어휘를 활용하여 자신의 생각과 의견을 글로 표현해 보세요.

전통주의　예로부터 내려오는 문화 정신과 양식을 지키려는 보수적인 경향.

다양성　모양, 빛깔, 양식 등이 여러 가지로 많은 특성.

획일화　모두가 한결같아서 다름이 없게 됨. 또는 모두가 한결같아서 다름이 없게 함.

다양성 시대에 아름다움을 평가하는 기준을 어디에 두어야 할까?

호랑이 '수호' 박제에 반대합니다

연계 교과

도덕	자연과의 관계	3~4학년	생명의 소중함, 자연과의 공생, 생명에 대한 존중
과학	생명	3~6학년	일상생활에서 생명 현상 관련 문제 인식

읽기 자료

- 서울대공원 호랑이 '수호', 시민들 애도에 박제 대신 소각한다

2023년 11월 14일 자, 한국일보

읽기 자료 해설

박제를 반대하는 시민들

서울대공원은 지난 2023년 8월 열사병으로 숨진 시베리아 호랑이 '수호'를 박제하는 대신 소각 처리하겠다고 발표했습니다. 이는 수호의 죽음에 애도하며 박제에 반대하는 시민들의 의견을 따른 것입니다. 원래 서울대공원은 교육 자료용 표본을 만들기 위해 수호의 사체를 냉동 보관해왔습니다. 그런데 이 사실이 온라인 카페에 알려지면서 "수호를 죽어서라도 편히 쉬게 해달라"며 국민신문고에 박제를 철회하라는 민원까지 제기되었습니다. 이에 서울대공원 측은 "표본의 가치보다 사회적 공감이 우선이라는 판단에 표본을 제작하지 않기로 결정했다"라고 입장을 밝혔어요.

교육용 동물 표본이 필요하다?

동물 박제 논란은 이번이 처음은 아닙니다. 2018년 대전오월드에서 탈출했다 사살된 퓨마 '뽀롱이'도 교육적 목적에서의 박제 이야기가 나왔다가 시민들의 반발에 소각 처리된 일이 있습니다.

한편으로는 살아 있는 동물 전시를 줄이고, 교육 목적에서 사체를 박제하는 것이 나쁘지 않다는 의견도 있습니다. 국내의 한 동물복지문제연구소의 대표는 "국민 정서를 무시하고 박제를 할 수는 없지만, 교육 목적으로 박제하는 것을 비판할 수 없다"라고 말했습니다. 박제의 필요성을 언급한 해외 연구도 있는데요. 이 논문에는 동물원이 자연사박물관과 협력하여 사체를 표본으로 제작하면 동물에 대한 인식 및 연구와 보존에 도움이 된다는 내용이 담겼습니다.

토론하기

토론 길잡이

동물 박제를 놓고 '죽음을 기리는 방법으로 적절치 않다'라는 의견과 '교육 목적에서 활용하는 것은 괜찮다'라는 양측 관점에서 논의해 봅시다. 나아가 동물원의 역할과 기능에 대해 알아보고, 동물원을 대신할 방법이 있는지도 이야기해 봅시다.

생각을 깨우는 질문

Q 호랑이 '수호' 사체를 박제하지 않고, 소각하기로 한 것은 잘한 결정일까?

Q 만약 '수호'에게 자기 결정권이 있었다면 어떤 방식을 택했을까?

Q 죽은 동물을 박제하는 것은 윤리적 측면에서 어떤 문제가 있을까?

Q 멸종 위기인 동물을 박제하는 것은 교육적, 연구적으로 어떤 가치가 있을까?

Q 교육적 가치와 동물의 존엄성 중에 어떤 것을 우선해야 할까?

Q 박제를 제외한 동물 연구와 교육 방법에는 어떤 것들이 있을까?

Q 동물원의 역할과 동물복지 사이에 어떤 균형이 필요할까?

찬반 토론 주제

동물 연구와 교육을 목적으로 한 박제에 **찬성한다** vs **반대한다**

다음 어휘를 활용하여 자신의 생각과 의견을 글로 표현해 보세요.

박제 동물의 가죽을 벗기고 그 안에 솜이나 대팻밥 등을 넣어 살아 있는 모양 그대로 만든 것.

표본 본보기나 기준이 될 만한 것. 생물에서는 생물의 몸 또는 그 일부에 적당한 처리를 해서 원형대로 보존할 수 있게 한 것.

사체 사람 또는 동물 등의 죽은 몸뚱이.

동물원의 역할은 무엇일까? 동물원을 대신할 방법은 없을까?

전국 500곳에 이르는 노키즈존

읽기 자료

- "韓(한) 노키즈존 500곳, 문제는…" 해외 전문가들이 비판한 이유

2023년 5월 15일 자, 머니투데이

읽기 자료 해설

외신이 보는 우리나라 노키즈존 문제

미국 워싱턴포스트에서 한국의 노키즈존(아동출입제한구역) 확산을 다룬 뉴스가 화제가 됐습니다. '식당에 아이를 데려갈 수 없다면 차별일까'라는 제목의 기사를 통해 한국의 노키즈존은 500곳에 달하며, 이로 인해 심한 갈등을 빚고 있다고 보도했어요. 기사에는 한국뿐 아니라 미국, 영국, 캐나다, 독일 등에서도 이와 비슷한 논쟁이 있다고 소개하고 있는데요. 몇몇 국제 항공사에서 어린이 승객과 떨어진 좌석을 고를 수 있는 서비스를 제공하는 것과, 일부 박물관과 도서관에서 출입객의 최소 연령을 제한하는 것을 예시로 들었습니다.

노키즈존을 두고 엇갈린 시선

워싱턴포스트는 한국에서 노키즈존 문제가 중요한 이유는 세계 최저 수준의 출산율에 있다고 지적했습니다. 공공장소에서 어린이 출입을 제한하는 것은 육아의 어려움을 더 강조하여 출산을 꺼리게 만든다는 겁니다.

하지만 노키즈존을 운영하는 사업주들의 생각은 다릅니다. 역으로 노키즈존이 육아에서 벗어나 휴식을 취할 수 있는 공간이 될 수 있다고 말합니다. 이에 전문가들은 비판적인 견해를 드러냈는데요. "식당에서 술 취한 성인이 다른 사람에게 소리를 지르는 게 우는 아이의 울음소리보다 훨씬 더 짜증 나는 일"이라고 말하며, 노키즈존은 우리보다 먼저, 혹은 늦게 태어난 사람들을 배려해야 한다는 세대 간의 근본적 약속을 깨는 것이라고 지적했습니다.

제주 '노키즈존 금지' 조례 통과

지난 2023년 9월 제주에서는 '노키즈존 금지' 조례가 제주시의회 심사를 통과했습니다. 원래 이 조례안은 '제주특별자치도 아동출입제한업소 지정 금지 조례안'이란 이름으로 같은 해 5월 상정됐지만, 헌법상 기본권인 영업의 자유와 계약의 자유를 침해할 수 있다는 이유로 심사가 보류되었습니다. 이후 '금지' 대신 '확산 방지' 또는 '인식 개선 활동' 등으로 내용을 고친 뒤 심사를 통과했지만, 여전히 "캠페인으로 충분하다"는 의견과 "법적 금지가 필요하다"는 의견이 팽팽하게 맞서고 있습니다.

토론하기

토론 길잡이

노키즈존을 비롯해 각종 '노존(No Zone)'이 사회 문제로 떠오르며 논란이 되고 있습니다. 어린이가 봤을 때 노키즈존이 왜 문제이며, 사회 공동체에 어떤 영향을 끼치는지 생각해 봅시다. 더 나아가 노키즈존을 둘러싼 갈등을 해결할 방법은 없는지 이야기해 봅시다.

생각을 깨우는 질문

Q 노키즈존은 어린이의 인권을 침해하는 것일까?

Q 노키즈존을 찬성하는 것은 어떤 이유에서일까?

Q 우리나라에서 노키즈존이 빠르게 늘어나는 이유는 무엇일까?

Q 노키즈존은 정말로 출산율 저하에 영향을 미칠까?

Q 노키즈존, 노시어존 등 특정 세대나 계층의 출입을 막는 곳이 늘어나는 것을 어떻게 봐야 할까?

찬반 토론 주제

노키즈존은 **명백한 차별이다** vs **사업주의 선택이다**

논술력 키우기

다음 어휘를 활용하여 자신의 생각과 의견을 글로 표현해 보세요.

확산 흩어져 널리 퍼짐.

차별 둘 이상의 대상을 차등을 두어 구별함.

조례 지방자치단체가 법령의 범위 내에서 지방 의회의 의결을 거쳐 그 지방의 사무에 관해 제정한 법.

노키즈존을 법으로 금지하는 것은 합리적일까?

 다양한 형태의 '노존'

특정 연령대를 제한하는 일명 '노존'(No Zone)이 곳곳에 등장하면서 사회적 갈등이 심해지고 있습니다. 노키즈존과 함께 대표적으로 거론되는 '노존'은 '노시니어존'인데요. 일부 음식점과 카페에서 '60세 이상 출입금지' 같은 문구를 내걸면서 등장했습니다. 최근에는 직업, 가족 구성 세대 등을 금지한 '노존'도 생겨나고 있는데요. 일례로 '40대 이상 출입을 금지하는 캠핑장', '어린 남자아이 2명 이상인 가족 금지', '남자 어른 2명 이상 금지', '대학교수 금지' 등도 있습니다. 심지어 '노래퍼존', '노커플존', '노향수존'도 있다고 해요.

금메달 따면 군대 안 가도 되나요?

도덕	사회·공동체와의 관계	3~4학년	불공정 사례와 공정한 사회
		5~6학년	정의로운 공동체를 위한 행동

읽기 자료

● 금메달 군 면제 논란… 다시 묻는 땀의 가치　　　　　2023년 10월 10일자, 조선일보

읽기 자료 해설

한 경기도 안 뛰었는데 병역 면제?

2023년 10월 8일 항저우 아시안게임이 막을 내리고 난 뒤 '병역 혜택' 논란이 다시 불거졌습니다. 대한민국 보통의 성인 남자라면 누구나 군대에 가야 할 의무가 있는데요. 특별한 경우에 병역이 면제됩니다. 아시안게임에서 금메달을 딴 선수도 이에 해당합니다. 그런데 한 경기도 뛰지 않은 선수들이 병역을 면제받는 일이 늘어나면서 이 제도의 취지를 두고 의문이 제기되었습니다. 축구나 야구 같은 단체 종목은 경기에 직접 뛰지 않아도 팀이 금메달을 받으면 병역 면제 혜택을 같이 누릴 수 있기 때문입니다. 국제 대회 1위 입상자를 대상으로 한 병역 특례 제도는 한국을 국제 사회에 알리기 위한 목적으로 1973년에 처음 도입되었습니다.

병역 면제 혜택 어디까지?

처음에는 군 면제 혜택 범위가 매우 넓었습니다. 올림픽, 세계선수권은 물론이고 아시아선수권과 유니버시아드(세계대학생 대회) 3위 입상자까지 혜택을 받을 수 있었어요. 그러나 우리나라 스포츠 선수들의 경쟁력이 상승하면서 면제 혜택 대상자가 급증하자 이를 제한

하기 시작했습니다. 1990년부터는 올림픽 3위 이내 입상자와 아시안게임 1위 선수에게만 병역 면제 혜택이 주어지고 있습니다. 예외적으로 추가 병역 혜택을 받은 사례도 있습니다. 2002년 월드컵 축구 4강, 2006년 WBC(월드베이스볼클래식) 야구 4강 등이 대표적입니다. 당시 해당 선수들에게도 '병역 혜택을 주자'는 여론이 일면서 일시적으로 규정을 만들어 특혜를 준 적이 있습니다.

병역 면제를 노리고 대회 참가

아시아게임 일부 종목의 경우 비교적 금메달을 쉽게 얻을 수 있어 병역 면제 혜택을 노리고 대회에 참가한다는 비판이 있습니다. 야구와 골프가 대표적인데요. 다른 나라는 거의 아마추어 선수들만 나오는데 우리나라는 프로 선수들이 참가하기 때문입니다. 그러다 보니 손쉽게 금메달을 따고 병역 면제 혜택을 받는 선수들이 적지 않습니다.

토론하기

토론 길잡이

스포츠 선수들에게 주어지는 병역 면제 혜택의 기본 취지와 제도의 필요성에 대해 생각해 보고, 시대 변화에 맞는 공정하고 현명한 방법은 무엇일지 논의해 봅니다.

생각을 깨우는 질문

Q 군 면제 혜택 여부가 선수들의 경기력에 어떤 영향을 미칠까?

Q 종목마다 혜택 기준을 다르게 할 필요가 있을까?

Q 경기를 뛰지 않은 선수에게 군 면제 혜택을 주는 것은 공정할까?

Q 지금 시대에도 병역 면제 혜택이 필요할까?

Q 국가 위상을 드높인 대중문화 예술인에게 병역 면제 혜택이 주어지지 않은 것은 차별일까?

찬반 토론 주제

국제 대회에서 메달을 딴 선수에게 주어지는 병역 면제 혜택 제도는

필요하다 vs 폐지해야 한다

논술력 키우기

다음 어휘를 활용하여 자신의 생각과 의견을 글로 표현해 보세요.

면제 책임이나 의무 등을 없애줌.

취지 어떤 일의 근본적인 목적이나 의도.

특혜 특별한 혜택.

시대 변화에 따른 공정하고 합리적인 병역 면제 혜택은 어떤 방식이어야 할까?

들끓는 사형 집행 부활 여론

연계 교과

사회	법	5~6학년	인권의 의미
		3~6학년	법적 문제 관련 정보 수집·분석
	정치	3~4학년	주민 참여와 지역사회 문제 해결
		3~6학년	사회 문제 해결에 참여
도덕	사회·공동체와의 관계	5~6학년	인권 존중, 정의로운 공동체

읽기 자료

- "왜 사형 안 시키냐, 못 참겠다" 성난 여론… 전문가들은 냉담했다, 왜?

2023년 8월 21일 자, 파이낸셜뉴스

읽기 자료 해설

사형 집행에 찬성하는 여론 압도적

흉기 난동 사건이 잇따라 벌어지며 국민의 불안감이 커지는 가운데 각종 온라인 커뮤니티와 SNS 등을 중심으로 사형 집행을 부활해야 한다는 목소리가 쏟아졌습니다. 사형을 집행하여 중범죄를 저지르면 어떤 처

벌이 내려지는지 본보기를 보여야 모방 범죄가 줄어들 거라는 의견입니다.

우리나라는 법정 최고형인 '사형제'를 유지하고 있으며 여전히 중범죄자에게 사형이 선고되고 있습니다. 하지만 1997년 12월 이후 사형을 집행하지 않아 실질적으로는 사형폐지국으로 분류됩니다.

사형을 집행해도 범죄 예방 효과 없어

전문가들은 우리나라에서 사형 집행이 부활할 가능성은 작으며, 형을 집행해도 실질적인 범죄 예방 효과가 크지 않을 거라 말합니다. 흉기난동범들은 형벌을 각오하고 범죄를 저지르기 때문에 사형을 집행한다 해도 이런 종류의 범죄를 예방하는 효과는 크지 않을 것이라는 게 그 이유입니다.

외교 문제도 얽혀 있어

법무부는 사형을 집행하면 유럽연합(EU)과의 외교 관계가 심각하게 단절될 수 있다며 사형제에 신중한 입장입니다. 실제로 유럽연합은 사형 집행 국가와 각종 협약을 맺지 않는다고 알려져 있습니다. 법무부는 대안으로 무기징역과 사형 집행의 중간 단계인 '가석방 없는 무기형'을 도입하는 방안을 검토 중이라고 밝혔습니다.

토론하기

토론 길잡이

사형 제도 존폐와 실질적 집행에 관한 문제는 오래전부터 끊이지 않는 논쟁거리입니다. 생명의 존엄 및 인권, 사회 정의 실현, 법의 의미와 역할, 범죄 예방 효과 및 안전, 국민 정서와 여론, 나아가 외교적 영향력 등 다양한 관점에서 사형 집행에 대해 논의해 봅시다.

생각을 깨우는 질문

Q 사회적으로 큰 물의를 일으킨 흉악범에게 가장 적절한 형벌은 어떤 것일까?

Q 실제로 사형을 집행하면 범죄가 줄어들까?

Q 사형 제도가 인권을 침해한다는 지적에 대해 어떻게 생각해?

Q 사형을 대신할 수 있는 형벌이 있을까? 있다면 어떤 형태여야 할까?

Q 사형 제도를 아예 폐지해야 한다는 주장에 대해 어떻게 생각해?

Q 외교 문제를 고려할 때 사형 집행이 어렵다는 의견에 대해 어떻게 생각해?

찬반 토론 주제

실질적인 사형 제도 부활에 **찬성한다** vs **반대한다**

논술력 키우기

다음 어휘를 활용하여 자신의 생각과 의견을 글로 표현해 보세요.

집행 법률이나 명령, 재판 등의 내용을 실제로 행함.

모방 범죄 다른 범죄를 본떠서 저지른 범죄.

형벌 법률적으로 국가가 범죄를 저지른 사람에게 제재를 가하는 것. 또는 그 제재.

대다수 국민이 흉악범에 대한 사형 집행을 강력하게 원하는 이유는 무엇일까?

 가석방 없는 무기형

'가석방'은 형벌을 받는 기간이 끝나지 않은 죄수를 일정한 조건 아래 풀어주는 행정 처분을, '무기형'은 기한을 정하지 않고 교도소 안에 가두는 형벌을 말합니다. 우리나라는 무기형을 선고받고 20년 이상 복역한 사람이라면 가석방을 신청할 수 있는데요. 가장 무거운 형벌인 '무기형'을 받은 중범죄자도 일정 시간이 지나면 다시 사회로 나올 수 있다는 점에서 형벌이 너무 가볍다는 지적이 끊이지 않았습니다.

이러한 여론을 받아들여 '가석방 없는 무기형'이 극악무도한 범죄를 막을 수 있는 대안으로 떠오르고 있습니다. 죽을 때까지 교도소에 갇혀 있어야 하기 때문에 '절대적 종신형', '가석방 없는 종신형'이라고도 불립니다.

베토벤 교향곡 〈합창〉 공연 금지

연계 교과

사회	사회·문화	3~6학년	문화 다양성을 존중하는 태도, 상대주의 관점에서 문화를 이해하는 태도
도덕	타인과의 관계	5~6학년	다름의 존중, 다양성을 존중하는 태도

읽기 자료

● 대구 베토벤 '합창' 금지 '종교 불협화음' 전국 국공립 합창단으로

2023년 4월 27일 자, 한겨레

읽기 자료 해설

종교 편향성을 이유로 베토벤 〈합창〉 금지

대구광역시 종교화합자문위원회(종교자문위)가 종교적 편향성을 이유로 베토벤 교향곡 〈합창〉을 포함한 몇몇 고전 음악 작품의 공연을 금지한 것을 두고 거센 논란이 일었습니다. 이에 종교를 떠나 전 세계에서 자주 공연되는 대중적인 클래식 곡들이 설 자리를 잃어간다는 한탄이 이어졌는데요. 대구

지역 음악인들은 종교자문위의 폐지를 요구하며 국가적 망신이라고 강하게 비판했습니다. 계속되는 비판과 반발에 결국 대구시는 종교자문위를 폐지하고 관련 조례도 삭제하기로 했습니다.

갈등의 시작

대구시 공식 기구인 종교자문위는 불교계가 2021년 대구시립합창단 공연을 '찬송가 공연'이라며 비판한 것을 계기로 출범했습니다. 특히 부처님 오신 날 전야에 종교색이 짙은 합창곡으로 공연한 것에 불만을 내비치며 시민의 공공자산인 시립 예술 단체의 종교 편향 행위는 용납할 수 없다고 크게 반발했습니다. 불교계의 계속된 항의에 대구시는 2021년 12월 종교자문위 조례를 신설하고, 종교 중립성을 위해 15인의 자문위원이 전원 찬성해야만 공연을 올릴 수 있는 시스템을 만들었습니다.

전국적으로 퍼진 종교 편향성 공격

대구시 일을 계기로 불교음악원은 전국 시·도립 합창단들의 과거 공연 곡들을 전수 조사했는데요. 그 결과 다수의 공연에 기독교 찬송가가 포함되어 있어 종교 편향성이 두드러진다며 비판했습니다. 조계종의 항의를 받은 문화체육관광부는 국공립 합창단에 개선을 요구했으나, 합창단들은 클래식 장르로 자리 잡은 곡들을 제외할 경우 레퍼토리가 크게 줄어들 게 분명하다며 난감해했습니다. 불교계와 정부의 이러한 행보에 예술가들은 음악과 예술에 종교적 잣대를 들이대는 것 자체가 문제라며 강하게 비판했습니다.

토론하기

토론 길잡이

종교적 색채를 띤 예술을 문화의 다양성 측면에서 인정하고 수용해야 할까요, 종교적 감수성을 생각해 자제해야 할까요? 베토벤 교향곡 〈합창〉을 둘러싼 논란에 대해 '종교 존중'과 '예술과 표현의 자유'의 관점에서 이야기해 봅시다.

생각을 깨우는 질문

Q 〈합창〉 공연에 불교계가 반발한 이유는 무엇일까?

Q 클래식 음악에 기독교 색채가 들어간 곡들이 많은 이유는 무엇일까?

Q 종교적 내용이 담긴 공연을 특정 종교를 지나치게 선호하거나 차별하는 것으로 볼 수 있을까?

Q 음악, 미술 등 문화 예술은 종교적 잣대로부터 자유로워야 할까?

Q 다양한 종교적 배경을 가진 사람들이 서로의 문화와 예술을 어떻게 이해하고 존중하면 좋을까?

찬반 토론 주제

국공립 예술 단체의 공연은 **종교적 중립성을 지켜야 한다** vs **예술은 예술일 뿐이다**

다음 어휘를 활용하여 자신의 생각과 의견을 글로 표현해 보세요.

편향성 한쪽으로 치우친 성질.

중립성 어느 쪽에도 치우치지 않고 공평한 태도를 유지하는 성질.

잣대 자로 쓰는 막대기. 어떤 현상이나 문제를 판단할 때의 기준을 비유적으로 이르는 말.

음악, 미술 등 예술 분야에서 표현의 자유는 어디까지 보장되어야 할까?

현금으로 결제할 권리 '현금 사용 선택권'

읽기 자료

● 현금 안 받는 곳 느니 걱정 커진 발권 당국 … "현금사용권 보장해야"

2024년 1월 21일 자, 조선비즈

읽기 자료 해설

갈수록 낮아지는 현금 결제 비중

우리나라가 빠른 속도로 현금 없는 사회로 진입하고 있는 가운데 소비자의 지급 수단 중 현금 이용 비중이 10%대에 불과한 것으로 나타났습니다. 신용카드, 현금카드 같은 비현금 지급 수단의 증가, 모바일 등을 이용한 간편 결제 서비스가 활발해진 데다가 코로나19 이후 비대면 거래를 선호한 결과입니다.

현금 결제 안 돼요

한국은행 보고서에 따르면 2021년 기준 상점 및 음식점에서 현금 결제를 거부 당한 경험이 있는 사람이 전체 가구의 6.9%에 달하는 것으로 조사되었습니다. 2018년 0.5%였던 것과 비교하면 13배 이상 증가한 수치입니다. 이러한 현금 결 제 거부는 주로 카페에서 발생했다고 해요. 한국은행은 현금 결제 기능이 과도 하게 축소될 경우 소비자 권리를 침해할 수 있다고 우려했습니다.

노년층 등 디지털 소외 계층을 위해
'현금 사용 선택권' 보장 해야

미국, 영국, 스웨덴 등 선진국에서도 현금 없 는 사회를 경계하며 현금 결제를 법적으로 보장하거나 현금 결제 거부를 금지하는 법 안, 은행의 현금 취급 업무를 의무화하는 법 안 등이 발효되었습니다. 한국은행도 소비 자가 결제 수단을 선택할 때 현금을 배제하지 않도록 하는 '현금 사용 선택권'을 강조하며, ATM 등 현금 공급 창구 확보와 관련 법 개정을 위해 노력하고 있다 고 해요. 한국은행 측은 "현금 사용량을 늘리자는 것이 아니라 현금 사용을 배제 하지 말자"라는 취지라면서 고령층 등 디지털 소외 계층이 현금을 쉽게 사용할 수 있도록 지원해야 한다고 강조했습니다.

토론하기

토론 길잡이

현금 결제를 거부당한 경험을 바탕으로 우리 사회의 결제 시스템과 금융 패턴이 어떻게 변해가고 있는지 이야기해 봅시다. 기술과 사회 발전에 따른 소비자 지급 수단의 변화와 그로 인해 소외될 수밖에 없는 사람들을 위한 해결책도 모색해 봅시다.

생각을 깨우는 질문

Q 현금 결제가 안 돼서 불편했던 경험이 있을까?

Q '현금 없는 사회'란 무엇이고, 어떤 장단점이 있을까?

Q 시간이 갈수록 점점 현금 사용이 줄어드는 이유는 무엇일까?

Q 현금 사용이 감소하면 어떤 사람들이 가장 큰 불편을 겪을까??

Q 왜 '현금 사용 선택권'이 필요할까?

찬반 토론 주제

소비자 지급 수단으로 현금 결제를

법적으로 보장해야 한다 vs **개인 자율에 맡겨야 한다**

다음 어휘를 활용하여 자신의 생각과 의견을 글로 표현해 보세요.

지급   돈이나 물품 따위를 정해진 몫만큼 내줌.

간편 결제   첨단기술을 접목한 금융 서비스인 핀테크의 일종으로 간단한 방식으로 결제를 지원하는 시스템. 흔히 ○○페이를 말함.

소외 계층   사회 여러 복지 정책이나 시설의 혜택을 받지 못하여 도움이 필요한 계층.

신용카드나 간편 결제 서비스는 현금 결제를 완전히 대체할 수 있을까?

 디지털 소외

디지털 기술을 잘 활용하지 못해 사회적으로 소외되는 현상을 말합니다. 디지털 소외가 발생하는 원인은 다양한데요. 경제적 이유로 디지털 기기를 구매할 수 없거나 인터넷을 설치할 수 없는 경우, 나이가 많거나 디지털 교육을 받지 못해 새로운 기술 사용에 어려움을 겪는 경우가 대표적입니다. 또 지역적 한계로 인터넷 접속이 어려운 경우에도 디지털 소외를 경험할 수 있습니다. 디지털 소외는 단순히 편리한 생활을 넘어 사회 참여와 기회의 불평등을 낳는 문제인 만큼 사회적으로 디지털 소외를 줄이기 위한 노력이 필요합니다.

Part 4

지속가능한 미래를 고민하는
토론 주제

세계 최초 AI 로봇 CEO의 탄생

연계 교과

사회	사회·문화	3~4학년	사회 변화의 양상과 특징, 생활 모습의 변화
		5~6학년	지구촌의 문제, 지속가능한 미래
도덕	타인과의 관계	5~6학년	인공지능 로봇과 관계 맺기, 윤리적 원칙

읽기 자료

- 세계 첫 AI 로봇 CEO … "편견 없이 의사결정"　　　　2023년 11월 6일 자, 한국경제

읽기 자료 해설

최고경영자가 된 AI 로봇

폴란드의 한 주류회사에서 세계 최초로 AI 휴머노이드(인간형) 로봇 '미카'를 최고경영자(CEO)로 임명했습니다. 휴머노이드 개발사와 함께 회사의 고유한 가치를 대변할 수 있는 로봇을 맞춤 제작한 것입니다. 회사 측은 '미카'의 임명은 단순히 홍보를 위한 것이 아니라, 실제로 CEO 역할을 맡기기 위해서라고 강조했습니다. 로봇이기에 광범위한 데이터 분석을 바탕으로 편견 없이 회사의 이익을 위해 공정하고 전략적인 선택을 한다는 것입니다.

다만 직원을 채용하는 등 인사 관련 결정은 '미카'의 영역이 아니며, 이는 여전히 인간 경영진이 담당한다고 밝혔습니다. CEO로 임명된 미카는 "로봇 CEO로

서 주말 없이 연중무휴로 24시간 일한다"며 "AI 마법을 불러일으킬 준비가 돼 있다"라고 말했습니다.

로봇 CEO 등장 이후

회사 CEO 자리에 AI 로봇이 임명된 것을 두고 부정적인 시선도 적지 않습니다. 로봇을 위해 일하는 것을 거부하겠다는 의견도 있어요. 전문가들은 AI 휴머노이드 로봇의 등장이 향후 5~10년 이내에 기업의 업무처리 방식에 영향을 미칠 것이며, AI의 확산이 기회이자 위협이 될 수 있다고 말합니다. 또 일부에서는 AI 로봇의 발전이 인간의 일자리를 위협할 거라는 목소리가 나오고 있는 가운데 세계경제포럼(WEF)은 AI 기술로 인해 2027년까지 약 1,400만 개의 일자리가 사라질 것으로 예측했습니다. 반면에 글로벌 투자 은행인 골드만삭스는 AI가 기업과 개인의 생산성을 크게 높일 것으로 전망했습니다.

토론하기

토론 길잡이

AI 로봇 CEO의 탄생이 기업과 경제, 그리고 우리 삶에 어떤 영향을 끼칠지 생각해 봅시다. 나아가 인간과 AI의 바람직한 관계는 어떤 모습일지 이야기해 봅시다.

생각을 깨우는 질문

Q 인류 최초로 AI 로봇 CEO가 탄생했다는 기사를 보고 들었던 생각은?

Q AI 로봇을 상사로 두고 일해야 한다면 어떤 기분이 들까?

Q 앞으로 AI 로봇 CEO가 더 많이 등장하게 될까?

Q AI 로봇은 앞으로 기업이 일하는 방식에 어떤 변화를 가져올까?

Q AI가 대체할 수 없는 일은 무엇일까? AI가 대체하지 못하는 사람은 어떤 사람일까?

Q AI와 인간의 바람직한 관계는 어떤 모습일까?

찬반 토론 주제

AI 기술의 발전은 인간에게 **기회가 될 것이다** vs **위기가 될 것이다**

논술력 키우기

다음 어휘를 활용하여 자신의 생각과 의견을 글로 표현해 보세요.

임명 일정한 지위나 임무를 남에게 맡김.

경영 사업이나 기업 등을 계획적으로 관리하고 운영함.

인사(人事) 관리나 직원의 임용, 해임, 평가 등과 관계된 행정적인 일.

'AI 로봇 CEO'가 '인간 CEO'보다 더 잘할 수 있는 일은 무엇일까? 반대로 '인간 CEO'가 더 잘할 수 있는 일은 무엇일까?

 불쾌한 골짜기

로봇처럼 인간이 아닌 존재를 볼 때 사람과 비슷한 모습일수록 호감도가 상승하다가 어느 수준에 다다르면 오히려 불쾌감을 느낀다는 이론입니다. 인간은 로봇이 인간과 비슷할수록 호감을 느끼다가(↗) 인간과 흡사한 수준이 되면 오히려 거부감을 느끼게 되고(↘) 그 수준을 넘어서 구별하기 어려울 정도로 인간과 닮게 되면 호감도가 다시 상승해(↗) 인간이 인간에게 느끼는 감정의 수준까지 접근한다고 합니다. 이렇게 호감도 급하강했다가 급상승하는 구간을 그래프로 그렸을 때 깊은 골짜기 모양을 하고 있다고 해서 '불쾌한 골짜기(Uncanny Valley)' 이론으로 불립니다.

죽지 않는 '좀비 모기' 등장에 전 세계 초비상

연계 교과

과학	생명	3~4학년	환경 오염이 생물에 미치는 영향
	지구와 우주	5~6학년	날씨와 기상
사회	자연환경과 인간생활	5~6학년	기후 변화, 자연재해

읽기 자료

● 살충제 뿌려도 안 죽는다… 더워진 지구가 만든 '좀비 모기'

2023년 7월 26일 자, 중앙일보

읽기 자료 해설

좀비 모기 등장과 질병의 위협

살충제나 모기향에도 잘 죽지 않는 '좀비 모기'의 등장에 전 세계가 비상입니다. 기후 변화로 봄부터 초겨울까지 활동하며 모기 개체 수가 늘어난 것은 물론 생존력도 더 강해졌습니다. 지금도 매년 약 100만 명이 모기가 옮기는 질병으로 목숨을 잃고 있는데요. 세계보건기구(WHO)는 앞으로 모기 매개 질병이 더 확산할 수 있다고 경고했습니다.

더워진 지구는 모기에게 천국

좀비 모기의 확산 배경에는 지구 온난화가 있습니다. 모기는 따뜻한 기후에서 더 활발하게 활동하고, 빠르게 번식할 수 있어 더워진 지구는 모기에게 천국인 셈입니다. 이로 인해 모기를 매개로 한 질병의 위협도 더 높아졌습니다.

모기가 사람에게 옮기는 질병은 50종이 넘는데요. 말라리아, 일본뇌염, 뎅기열 등이 대표적입니다.

우리나라도 더 이상 이런 질병으로부터 안전하지 않다는 이야기가 나옵니다. 2050년대가 되면 한겨울 기온이 10도를 웃돌 것으로 예측되면서 겨울철에 생존한 모기가 뎅기열 바이러스를 전파할 수 있다는 게 전문가의 의견입니다.

살충제 저항성이 생긴 모기

요즘 모기는 '좀비'라는 수식어가 붙을 만큼 아무리 살충제를 뿌리고 모기향을 피워도 잘 죽지 않습니다. 살충제 저항성 때문입니다. 특정 화학 물질에 강한 유전자를 가진 모기가 살아남는 과정을 몇 세대 반복하면서 살충제에 저항성이 생겼다는 겁니다. 따라서 전문가들은 살충제를 뿌려도 모기가 잘 죽지 않으면 다른 계열 살충제를 써야 효과가 있다고 말합니다.

토론하기

토론 길잡이

좀비 모기가 등장한 배경과 모기를 매개로 한 질병을 막을 방법을 알아보고, 기후 위기가 인류에게 어떤 위험을 불러오는지 우리의 건강과 삶을 중심으로 이야기해 봅시다.

생각을 깨우는 질문

Q 좀비 모기는 우리 건강과 삶에 어떤 영향을 끼칠까?

Q 모기가 전파하는 질병을 막기 위한 대응책은 없을까?

Q 좀비 모기 퇴치를 위한 국가적, 개인적 노력에는 어떤 것들이 있을까?

Q 모기 매개 질병의 확산을 막기 위해 전 지구적으로 협력할 필요가 있을까?

Q 모기를 완전히 박멸하는 것은 가능할까?

Q 좀비 모기 외에 기후 위기는 우리 건강에 어떤 악영향을 끼칠까?

찬반 토론 주제

모기를 박멸하는 것은

인류 건강을 위해 바람직하다 vs **생태계 안전을 위해 바람직하지 않다**

논술력 키우기

다음 어휘를 활용하여 자신의 생각과 의견을 글로 표현해 보세요.

매개 둘 사이에서 양편의 관계를 맺어줌.

바이러스 감염성 병원체가 되는 아주 작은 미생물.

저항성 어떤 힘이나 조건에 굽히지 않고 거역하거나 버티는 성질.

살충제 사람과 가축, 농작물에 해가 되는 벌레를 죽이거나 없애는 약.

지구 온난화가 가속화되면 좀비 모기는 어디까지 진화할까?

유럽 미식가들 때문에
개구리가 멸종 위기라고?

연계 교과

과학	생명	3~4학년	다양한 환경에 사는 동물, 먹이사슬과 먹이그물, 생활 속에서 동물의 이용
사회	자연환경과 인간생활	3~4학년	이용과 개발에 따른 환경의 변화
		5~6학년	다양한 자연환경과 인간생활
실과	생활환경과 지속가능한 선택	5~6학년	식재료의 생산과 선택, 지속가능한 의식주 생활, 자신의 선택이 공동체 삶과 환경에 미치는 영향

읽기 자료

● 유럽 미식가들이 동남아 개구리 다 죽인다… "우리나라 개구리만 소중해"

2023년 8월 3일 자, 한국일보

읽기 자료 해설

개구리 요리 얼마나 먹길래?

유럽의 미식가들이 개구리 요리를 즐기면서 동남아시아 개구리가 멸종 위기에 처했다고 합니다. 프랑스 국민은 1년에 약 4,000만 톤의 개구리를 소비하는데요. 프랑스 정부가 자국의 개구리 개체 수 보호를 위해 포획을 규제하는 바람에 인도네시아와 베트남에서 2,500만 톤의 개구리 다리를 수입한다고 해요. 프랑스뿐만이 아닙니다. 독일 야생동물 보호 단체에 따르면 유럽은 매년 2억 마리의 식용 개구리를 동남아시아에서 수입하고 있다고 합니다.

개구리 개체 수 감소와 생태계 문제

세계 환경 보호 단체들은 유럽 미식가들의 욕심 때문에 동남아 개구리가 멸종 위기에 몰리면서 지구 생태계를 위협하고 있다고 경고합니다. 곤충을 잡아먹는 개구리가 부족해지면 동남아 국가들은 벼농사를 망치는 주범인 메뚜기 떼나 뎅기열을 유발하는 모기를 없애기 위해 더 많은 화학 물질을 사용하게 될 것이 뻔하기 때문입니다. 프랑스의 한 환경 보호 단체는 개구리의 감소가 살충제 사용량 증가로 이어지고, 결국 생물 다양성과 인류 건강에 나쁜 영향을 끼칠 것이라고 우려했습니다.

자기 나라 개구리만 소중?

유럽 국가의 이율배반적인 행태를 지적하는 목소리도 높습니다. 자국의 생태계 보호를 위해 개구리 포획을 엄격하게 제한하면서 해외 수입에는 큰 제한을 두지 않기 때문이죠. 국제자연보전연맹(INU)은 부자 나라들의 식탐과 이기심 때문에 가난한 나라에서 개구리 개체 수 감소와 생태계 파괴라는 부담을 떠안고 있다고 비판했습니다.

토론하기

토론 길잡이

인간의 과도한 욕심으로 생태계가 파괴된다면 우리의 삶은 어떻게 될까요? 지속가능하고 건강한 삶을 위해 인간과 자연은 어떤 관계를 유지해야 하는지, 한 국가의 자기중심적인 선택이 인류 전체에 어떤 영향을 끼칠 수 있는지 생각해 봅시다.

생각을 깨우는 질문

Q 동남아시아 개구리 개체 수 감소는 다른 나라의 생태계에 어떤 영향을 미칠까?

Q 각 생명체는 생태계에서 어떤 역할을 할까? 생태계가 파괴되면 인간의 삶은 어떻게 될까?

Q 생태계 보호는 인류의 미래와 어떤 연관이 있을까?

Q 자국의 개구리 보호에는 앞장서면서 다른 나라의 개구리 보호에는 무관심한 유럽 국가들의 이중적 태도를 어떻게 봐야 할까?

Q 미식 문화와 전통을 지키면서 지구 환경과 생태계를 보호할 방법은 없을까?

찬반 토론 주제

생태계 보호를 위해 동남아 개구리의 수입과 수출을

제한해야 한다 vs **제한하면 안 된다**

다음 어휘를 활용하여 자신의 생각과 의견을 글로 표현해 보세요.

미식가 음식에 대하여 특별한 기호를 가진 사람. 또는 좋은 음식을 찾아 먹는 것을 즐기는 사람.

포획 짐승이나 물고기를 잡음.

이율배반 서로 모순되어 동시에 성립할 수 없는 두 명제의 관계.

유럽 사람들은 생태계 보호를 위해 개구리 요리를 그만 먹어야 할까?

 먹이사슬과 먹이그물

'먹이사슬'이란 생태계 내에서 생물들 간의 먹고 먹히는 관계를 말합니다. 예를 들어 풀을 먹는 토기가 있고, 그 토끼를 먹는 여우의 관계가 사슬처럼 연결된 것이 바로 먹이사슬이죠. 이 먹이사슬이 그물처럼 복잡하게 얽혀 있는 것을 '먹이그물'이라 합니다. 자연계에서는 한 생물이 여러 먹이사슬에 걸쳐 있을 수 있는데요. 토끼가 여우에게도 먹히고, 독수리에게도 먹히는 식입니다. 이처럼 먹이그물은 먹이사슬이 서로 연결되어 복잡한 구조를 이룹니다.

옷을 수선해 입으면 돈을 드립니다

사회	지속가능한 세계	3~4학년	우리가 사는 곳의 환경
		5~6학년	지구촌을 위협하는 문제
	경제	3~4학년	자원의 희소성, 합리적 선택, 생산과 소비 활동
실과	생활환경과 지속가능한 선택	5~6학년	생활자원의 사용 가치, 자신의 선택이 공동체의 삶과 환경에 미치는 영향, 일상생활 속 지속가능한 행동

읽기 자료

● "옷 좀 그만 사"… 수선비 보태주는 패션의 본고장   2023년 7월 17일 자, KBS 뉴스

읽기 자료 해설

옷 수선비를 지원하는 프랑스

패션의 나라, 프랑스가 헌 옷과 신발 수선비를 지원해 주는 제도를 2023년 10월부터 시작했습니다. 2028년까지 약 2,200억 예산을 들여 품목별로 6~25유로(우리나라 돈으로 약 8,500원~35,000원)를 지원할 예정이라고 합니다.

국가 중요 산업인 패션업에 부정적인 영향을 줄 것이라는 우려에도 불구하고 프랑스 정부가 이런 결정을 내린 이유는 넘쳐나는 의류 폐기물 때문입니다. 프랑스에서는 매년 70만 톤의 옷이 버려지고 있다고 해요.

전 세계 골칫거리가 된 의류 폐기물

의류 폐기물 문제는 프랑스만의 얘기가 아니라 전 세계가 골치를 앓고 있는 문제입니다. 미국, 유럽, 아시아의 선진국들에서 버려지는 옷들은 재활용 목적으로 동아프리카 등지로 보내지는데요. 그러나 재활용되는 것은 일부일 뿐, 합성섬유로 만들어진 저렴한 옷들은 대부분 매립된다고 합니다.

전 세계적으로 발생하는 의류 폐기물은 연간 약 8백억 벌 정도인데, 이는 20년 전보다 4배 늘어난 수준이라고 해요. 이런 현실에 문제의식을 느끼는 사람들이 늘어나면서 옷을 오래 입고, 재활용하자는 '슬로 패션' 움직임이 일어나고 있습니다.

환경 문제와 의류 업계

의류 폐기물을 줄여 환경을 보호하는 이면에는 다른 차원의 문제가 있습니다. 의류 업계 종사자들의 생계가 위협받는다는 점입니다. 의류 폐기물 증가의 주범인 스파 브랜드들은 대개 방글라데시, 미얀마, 캄보디아 등 개발도상국에 공장에 두고 있는데요. 코로나19로 소비가 위축되었을 때 의류 공장 노동자들이 순식간에 직장을 잃는 등 생계에 직격탄을 맞기도 했습니다.

토론하기

토론 길잡이

프랑스의 의류 수선비 지원 정책을 통해 우리의 일상적 소비가 환경 문제와 어떻게 연관되는지, 공동체적 삶에는 어떤 영향을 끼치는지 다양한 관점에서 이야기해 봅시다.

생각을 깨우는 질문

Q 의류 폐기물은 환경에 어떤 영향을 끼칠까?

Q 사람들에게 헌 옷 수선비를 지원하는 것은 어떤 효과가 있을까?

Q 헌 옷 수선비 지원 정책은 프랑스 패션 산업에 어떤 변화를 가져올까?

Q 프랑스의 헌 옷 수선비 지원 정책은 다른 나라에도 영향을 미칠까?

Q 사람들이 새 옷을 사지 않으면 의류업에 종사하는 사람들은 직장을 잃을 텐데 좋은 방법은 없을까?

Q 일상생활 속 소비와 선택에 있어 우리는 어떤 책임감을 느껴야 할까?

찬반 토론 주제

프랑스의 헌 옷 수선비 지원 정책은 의류 폐기물을 줄이는 데

효과적일 것이다 vs **별다른 효과가 없을 것이다**

다음 어휘를 활용하여 자신의 생각과 의견을 글로 표현해 보세요.

폐기물 못 쓰게 돼 버리는 물건.

매립 쓰레기나 폐기물을 모아서 파묻음.

스파 브랜드(SPA brand) 저렴한 가격, 짧은 수명 등의 특징을 지닌 브랜드로 패스트 패션을 주도함.

의류 폐기물을 줄이기 위해 우리가 할 수 있는 노력에는 어떤 것들이 있을까?

테러의 표적이 된 명화들

사회	지속가능한 세계	3~4학년	우리가 사는 곳의 환경, 살기 좋은 환경과 삶의 질
		5~6학년	지구촌 갈등 사례, 지구촌을 위협하는 문제
도덕	사회·공동체와의 관계	5~6학년	정의로운 공동체를 위한 행동과 규칙
		3~4학년	인간과 자연의 공존

읽기 자료

● 모네 '지베르니 정원'에 빨간 손도장… 기후활동가 2명 체포

2023년 6월 15일 자, 한겨레

● 이탈리아, 기후활동가 '문화재 테러' 제동 건다… 벌금 강화 2024년 1월 19일 자, 연합뉴스

읽기 자료 해설

기후활동가들의 잇따른 명화 훼손

세계 곳곳에서 기후활동가들의 손에 명화들이 훼손당하는 사건이 잇따르고 있습니다. 기후 위기에 대한 언론과 대중의 관심을 끌기 위해 급진적 활동가들이 미술관에 전시된 유명 예술가들의 그림을 표적으로 삼는 겁니다. 영국, 오스트리아, 독일, 이탈리아, 스웨덴 등에서 비슷한 사건들이 연이어 발생했는데요. 모네의 〈건초더미〉에는 으깬 감자가 끼얹어졌고, 반 고흐의 〈해바라기〉에는 토마

토 수프가 뿌려졌습니다. 그뿐만이 아닙니다. 클림트의 그림과 레오나르도 다 빈치의 〈최후의 만찬〉 복제본도 테러를 당하는 등 명화들의 수난이 끊이지 않고 있습니다.

문화재, 건축물 훼손 처벌 강화

명화뿐만 아니라 문화재, 기념적인 건축물 등을 훼손하는 시위도 이어지고 있습니다. 2023년 이탈리아에서는 기후활동가들이 화석연료 사용 중단을 요구하며 로마의 트레비 분수, 베네치아 대운하에 염료를 푸는 시위를 벌이기도 했어요. 독일에서는 자유와 평화의 상징인 브란덴부르크문에 오렌지색 스프레이를 칠한 사건도 있었습니다.

명화를 훼손한 기후활동가들에게 유죄 선고가 이어지고 있습니다. 기후활동가들은 집회와 표현의 자유를 들어 무죄를 주장했지만, 법원은 피해가 중대하다며 유죄 판결을 내린 겁니다. 이런 가운데 이탈리아는 기후활동가들이 벌이는 '에코 반달리즘' 시위에 대한 처벌을 강화하기로 했는데요. 문화유산을 훼손하는 행위에 대한 벌금을 기존보다 4배 인상하는 법안을 2024년 1월 통과시켰습니다. 또 문화부 장관의 판단에 따라 훼손된 기념물을 청소하고 수리하는 것까지 명령할 수 있다고 합니다.

토론하기

토론 길잡이

기후 위기로 인류의 미래가 위협받는 가운데 기후활동가들의 시위 방식을 어떻게 바라봐야 하는지 이야기해 봅시다. 또 기후 위기를 극복하기 위한 우리의 역할에 대해서도 논의해 봅시다.

생각을 깨우는 질문

Q 명화나 문화재를 훼손하는 시위 방식은 정당한 것일까?

Q 기후활동가들은 왜 세계적인 명화나 문화재 등을 공격 대상으로 선택했을까?

Q 기후활동가들의 이런 행동은 기후 위기 문제를 해결하는 데 긍정적인 효과가 있을까?

Q 집회와 표현의 자유는 어디까지 허용될 수 있을까?

Q 지구촌을 위협하는 기후 위기 문제를 해결하기 위해 우리가 할 수 있는 일은 무엇일까?

찬반 토론 주제

명화나 문화재를 훼손하는 시위에 대해

법적으로 처벌해야 한다 vs 법적 처벌은 과도하다

다음 어휘를 활용하여 자신의 생각과 의견을 글로 표현해 보세요.

시위 요구 조건을 내걸고 공개적인 장소에 자신들의 주장을 폄.

표적 목표로 삼는 대상.

과격 행동이나 성격이 지나치게 거셈.

정의로운 목적을 위해서라면 어떤 행동도 정당화할 수 있을까?

 에코 반달리즘

'에코(Eco)'와 '반달리즘(Vandalism, 공공기물을 파손하는 행위)'의 합성어로 환경 문제에 대한 인식을 높이기 위해 고의로 공공 재산이나 문화유산을 훼손하는 행위를 말합니다. 급진적 환경운동가들이 사용하는 시위 방식 중 하나로 공공의 관심을 끌고 언론 보도를 통해 환경 문제에 대한 대중의 경각심을 높이는 것을 목적으로 하는데요. 한편으로 문화적, 역사적 가치를 지닌 공공의 재산에 대한 무분별한 공격이라는 점에서 대중의 분노를 불러일으키기도 합니다.

파리 올림픽 선수촌에는 에어컨이 없다

읽기 자료

- 파리 40도 넘는데 "에어컨 없는 올림픽 선수촌도 괜찮다" 낙관

2023년 7월 28일 자, 세계일보

읽기 자료 해설

파리 친환경 올림픽 선언

2024년 7월 26일에 열리는 파리 올림픽이 친환경 올림픽을 선언했습니다. 지난 도쿄 올림픽에서 화제가 된 골판지 침대를 선수촌에 설치하기로 한 것에 이어 에어컨을 두지 않을 것이라고 발표한 겁니다.

문제는 지구 온난화로 인한 기상 이변으로 유럽 주요 도시가 매년 폭염 기록을

경신하고 있다는 건데요. 2023년 프랑스 남부의 여름 기온은 40도를 넘어섰고, 파리는 43도까지 올랐습니다. 올림픽이 열리는 2024년 여름은 지난해보다 더한 폭염이 예상되는 만큼 에어컨 없는 선수촌이 선수들의 몸 상태에 어떤 영향을 끼칠지 알 수 없어 우려스러운 상황입니다.

에어컨 없어도 괜찮아

이와 같은 상황에서 선수들이 제 기량을 발휘할 수 있을지 의문이 드는 가운데 국제올림픽위원회(IOC) 토마스 바흐 위원장은 낙관적인 태도를 보였습니다. 그는 파리조직위원회의 노력을 인정하며 "외부 기온보다 6도 또는 그 이상 낮게 선수촌을 쾌적하게 운영할 것"이라고 전망했습니다. 선수촌 관계자 역시 선풍기 등을 활용해 내부 온도를 쾌적하게 유지할 수 있어 별다른 단열 시설 구축이 필요하지 않다고 밝혔습니다.

토론하기

토론 길잡이

기후 위기 상황에서 프랑스의 '친환경 올림픽' 선언은 어떤 의미가 있으며, 국제
사회에 어떤 영향을 끼칠지 생각해 봅시다. 또 선수들은 에어컨 없는 선수촌을
어떻게 받아들일지 이야기해 봅시다.

생각을 깨우는 질문

Q 2024 파리 올림픽을 친환경 대회로 치르겠다는 프랑스의 발표에 대해 어떻게
생각해?

Q 에어컨은 왜 친환경이 아닌 걸까?

Q 에어컨이 없는 환경이 선수들의 건강과 경기력에 어떤 영향을 미칠까?

Q 파리 올림픽의 친환경 정책은 다른 국제 대회에 어떤 변화를 가져올까?

Q 기후 문제 해결에 동참하기 위해 에어컨을 어떻게 사용하는 것이 좋을까?

찬반 토론 주제

선수촌에 에어컨을 설치하지 않기로 한 파리 올림픽의 결정을

지지한다 vs 반대한다

다음 어휘를 활용하여 자신의 생각과 의견을 글로 표현해 보세요.

폭염 매우 심한 더위.

기량(技倆) 기술적 재능이나 솜씨.

낙관 앞으로의 일을 희망적으로 생각함.

2024년 파리 올림픽에 참가하는 선수라면 에어컨 없는 선수촌을 어떻게 받아들일까?

일회용 종이컵도 플라스틱 빨대도 OK

연계 교과

사회	지속가능한 세계	3~4학년	우리가 사는 곳의 환경
		5~6학년	지구촌을 위협하는 문제
도덕	자연과의 관계	3~4학년	인간과 자연의 공존
		5~6학년	환경 위기 극복, 지속가능한 삶
실과	생활환경과 지속가능한 선택	5~6학년	생활자원의 사용 가치, 자신의 선택이 공동체의 삶과 환경에 미치는 영향, 일상생활 속 지속가능한 행동

읽기 자료

- '식당 종이컵' 금지 안 한다… 플라스틱 빨대 단속도 무기한 유예

2023년 11월 7일 자, 연합뉴스

읽기 자료 해설

일회용품 금지 조처 철회, 그 이유는?

환경부가 식당이나 카페, 집단급식소에서의 일회용 종이컵 사용 금지 조처를 철회한다고 발표했습니다. 일회용 플라스틱 빨대와 젓는 막대 사용 금지 계도기한도 사실상 무기한 연장했습니다. 충분한 사회적 합의에 이르지 못했고, 소상공인과 자영업자에게 부담을 주는 것을 피하고자 했다는 게 환경부의 설명입니

다. 또 종이컵을 규제하는 나라는 우리나라가 유일하며, 다회용 컵 사용 시 세척기를 설치하거나 추가 인력을 고용해야 하는 부담이 있다고 밝혔습니다. 아울러 플라스틱 빨대의 대체품인 종이 빨대가 2.5배 비싸면서도 소비자의 만족도가 낮다는 점도 강조했습니다. 종이컵 금지 대안으로 환경부가 내놓은 방안은 지속적인 다회용 컵 사용 권장과 종이컵 재활용을 확대하는 것입니다.

또 환경부는 편의점과 제과점, 소매점에서의 비닐봉지 사용 금지 조처의 계도기간 역시 연장한다고 발표했습니다. 종이컵, 플라스틱 빨대와는 달리 단속 없이도 잘 이행되고 있기 때문이라고 합니다.

사실상 일회용품 규제 포기?

그러나 이번 발표에 대해 환경부가 일회용품 규제를 사실상 포기한 것이 아니냐는 비판이 제기되었습니다. 많은 이들이 초등학교 때부터 일회용품 사용을 줄이라는 교육을 받아온 만큼 일회용품 사용량 감축에 대한 사회적 합의는 어느 정도 이루어진 상태라는 거죠.

제대로 된 대안을 제시하지 못한 것도 빈축을 사고 있습니다. 재활용 확대를 위해 종이컵 분리배출을 제시했지만, 지금도 거의 안 되는 분리배출을 유도할 방법은 내놓지 못했기 때문입니다.

토론하기

토론 길잡이

일회용품 규제는 꼭 필요한 일인지 생각해 보고, 정부의 일회용품 규제 철회가 환경과 우리 행동에 어떤 영향을 끼칠지 논의해 봅시다. 아울러 나와 우리 가족의 일회용품 사용 습관을 돌아보고, 환경 보호를 위해 일상생활 속에서 우리가 할 수 있는 일들을 찾아봅시다.

생각을 깨우는 질문

Q 일회용품의 사용은 환경에 어떤 영향을 줄까?

Q 일회용 종이컵은 '종이'로 만들었으니 친환경일까? 일회용 종이컵 사용을 자제해야 하는 이유가 무엇일까?

Q 일회용품 사용 규제가 왜 소상공인들에게 경제적으로 부담을 줄까?

Q 일회용품을 대체할 수 있는 지속가능한 방법은 어떤 것일까?

찬반 토론 주제

일회용품 사용을 **규제해야 한다** vs **개인 자율에 맡겨야 한다**

다음 어휘를 활용하여 자신의 생각과 의견을 글로 표현해 보세요.

조처   어떤 일을 해결하기 위해 대책을 세우거나 행동을 함.

철회   이미 제출했던 것이나 주장했던 것을 다시 회수하거나 번복함.

계도기간   어떤 정책을 본격적으로 시행하기에 앞서 사람들에게 이를 알리고 일깨워 주는 기간.

자꾸 바뀌는 일회용품 정책은 국민에게 어떤 영향을 줄까?

 플라스틱 표시 마크와 재활용

	재질	주 사용처	재활용 여부
1	PETE	생수병과 음료수병	일부 가능
2	HDPE	세제 용기, 물통, 장난감	가능
3	PVC	비닐랩, 인조 가죽 용품, 우비	불가
4	LDPE	비닐봉지, 필름	불가
5	PP	밀폐 용기, 반찬통	가능
6	PS	일회용 포크와 숟가락, 요구르트병	불가
7	OHTERS	사무용 기기, 휴대폰 케이스, 잡화	일부 가능

꿀벌이 사라지면 인류도 사라진다?

연계 교과

사회	지속가능한 세계	3~4학년	우리가 사는 곳의 환경, 살기 좋은 환경과 삶의 질
		5~6학년	지구촌을 위협하는 문제
도덕	자연과의 관계	3~4학년	생명의 소중함, 인간과 자연의 공존
		5~6학년	환경 위기 극복, 지속가능한 삶, 미래 세대에 대한 책임의식
과학	생명	3~4학년	동물의 한살이, 환경 오염이 생물에 미치는 영향

읽기 자료

- 꿀벌 대량 실종 못 막으면 전 세계 커피·초콜릿 사라진다

2023년 10월 14일 자, 동아사이언스

- 세계 식량난 악몽 될라… '꿀벌 살리기' 인류 미션으로   2023년 5월 19일 자, 세계일보

읽기 자료 해설

꿀벌이 감소하면 코코아, 커피 생산 어려워

영국 런던 자연사박물관 생명과학부 연구팀은 수분을 매개하는 꿀벌 같은 곤충이 사라지면 전 세계에 코코아, 커피, 망고, 수박 등을 공급하는 남미, 동남아시아, 사하라 이남 아프리카의 지역 농장이 빠른 속도로 위험에 처할 거라고 발표했습니다.

꿀벌, 말벌, 파리, 개미 같은 곤충은 꽃가루를 수술(수컷의 생식 기관)로부터 암술 머리(암컷의 생식 기관)로 옮겨 식물의 생식 세포가 수정할 수 있게 도와줍니다. 이런 수분 과정이 있어야 식물은 씨앗이 되고, 열매를 맺습니다. 그런데 최근 몇 년간 지구 평균 온도가 상승하면서 더위에 취약한 꿀벌이 대량 실종되고 있다는 보고가 이어지고 있어 전 세계적으로 경각심을 불러일으키고 있습니다.

세계 꿀벌의 날과 꿀벌 보호 프로젝트

유엔식량농업기구(FAO)의 분석에 따르면, 전 세계 주요 농작물 중 70% 이상이 꿀벌의 수분으로 생산된다고 합니다. 특히 양파, 당근, 사과 등 일부 작물의 경우 꿀벌의 기여도가 90%에 이른다고 해요. 식물이 수정하지 못하면 식량 위기가 발생할 수 있다는 점에서 꿀벌이 인류에게 끼치는 영향은 매우 크고 중요합니다. 이러한 꿀벌의 가치를 알리기 위해서 유엔은 5월 20일을 '세계 꿀벌의 날'로 정했습니다.

꿀벌의 감소가 전 세계적인 생태계 문제로 떠오르는 가운데, 심각한 아몬드 흉작을 경험한 적 있는 미국 정부는 꿀벌 보호를 국가 전략으로 발표하고 대규모 프로젝트를 진행하고 있습니다. 우리나라 역시 꿀벌의 수가 2년 연속 감소하자 꿀벌을 보호하기 위한 여러 가지 노력을 기울이고 있는데요. 건물 옥상에서 꿀벌을 기르는 도심 양봉, 꿀벌이 좋아하는 밀원 식물인 아까시나무 심기 등 꿀벌의 보호와 육성에 힘쓰고 있어요.

토론하기

토론 길잡이

아인슈타인은 '꿀벌이 사라지고 나면 4년 내 인류가 멸종할 것'이라고 예언했다고 합니다. 꿀벌의 실종은 환경 문제와 어떤 연관이 있으며, 인류의 삶에 어떤 변화를 가져오게 될지 농업과 생태계 차원에서 이야기해 봅시다.

생각을 깨우는 질문

Q '꿀벌이 사라지고 나면 4년 내 인류가 멸종할 것'이라는 말은 어떤 의미일까?

Q 꿀벌이 사라지면 생태계에는 어떤 문제가 발생할까?

Q 꿀벌의 실종은 농업과 우리 삶에 어떤 영향을 미칠까?

Q 꿀벌을 보호하기 위해 어떤 노력이 필요할까?

Q 꿀벌을 포함한 많은 곤충들은 생태계에서 어떤 역할을 하며, 인간의 삶과 어떤 관계가 있을까?

찬반 토론 주제

꿀벌이 사라지면 **농업에 치명적이다** vs **기술로 대체할 수 있다**

다음 어휘를 활용하여 자신의 생각과 의견을 글로 표현해 보세요.

수분(受粉) 종자식물에서 수술의 화분이 암술 머리에 옮겨 붙는 일.

기여도 남에게 도움이 된 정도.

흉작 농작물이 잘 자라지 않고 생산량이 급감해 농가에 큰 손실을 끼치는 일. 또는 그런 농사.

꿀벌의 실종과 인류 생존은 어떤 관계가 있을까?

 곤충겟돈

곤충과 아마겟돈을 합성한 말로 곤충이 사라지면 지구에 재앙이 닥칠 것이라는 의미의 신조어입니다. 유엔식량농업기구(FAO)의 조사에 따르면 약 3,000만 종에 달하는 곤충들이 개화 식물 87%의 수분을 책임지고 있다고 합니다. 또 수많은 조류와 포유류가 곤충을 먹이로 삼기 때문에 만약 곤충들이 사라진다면 먹이사슬이 무너지게 되고, 당연히 인류의 생존도 위협받게 된다는 것입니다.

'200년 중립국' 스웨덴의 나토 가입

연계 교과

사회	지속가능한 세계	5~6학년	지구촌을 위협하는 문제
	정치	5~6학년	지구촌의 평화

읽기 자료

● 스웨덴 나토 가입, 러 군사 조직 부활…격화되는 '신냉전'

2024년 2월 28일 자, 서울신문

읽기 자료 해설

러시아의 우크라이나 침공이 불러온 결과

중립 노선을 지켜온 핀란드와 스웨덴이 연달아 나토(NATO, 북대서양 조약 기구)의 회원국이 되었습니다. 1948년부터 비동맹 중립국을 유지해 온 핀란드가 2023년 4월, 31번째 나토 회원국이 되었고, 1814년 전쟁 이후 200년 넘게 중립 노선을 고수해 온 스웨덴 역시 2024년 2월 말 나토 가입이 승인되며 32번째 회원국이 되었습니다. 러시아의 우크라이나 침공에 충격을 받아 내린 결정입니다. 핀란드와 스웨덴의 합류로 나토와 러시아가 맞댄 국경의 길이가 2배 넘게 늘어났는데요. 나토 확대를 막으려고 우크라이나를 침공한 러시아는 오히려 나토 확장이라는 정반대 결과를 초래했습니다.

나토(NATO)란?

나토는 1949년 설립된 군사 동맹으로, 서방 국가들이 소비에트 연방(현재의 러시아를 포함한 구 소련 국가들)과 그 동맹국들로부터 자신들을 방어하기 위해 만든 집단 방위 시스템입니다.

나토에 가입하려면 모든 회원국의 동의가 필요한데요. 핀란드가 순조롭게 가입 승인을 받은 것과 달리 스웨덴은 튀르키예와 헝가리의 반대로 다소 난항을 겪으며 1년 9개월 만에 가입 승인이 떨어졌습니다. 나토 회원국이 된 핀란드와 스웨덴은 '회원국 일방에 대한 공격을 전체 회원국에 대한 공격으로 간주해 무력 사용 등 원조를 제공한다'는 나토 헌장 제 5조를 적용받게 됩니다.

중립국들의 나토 합류에 러시아는 군사력 강화

2023년 말 "핀란드, 스웨덴의 나토 가입에 대응해 기존 군사 조직을 정비하겠다"고 밝힌 블라디미르 푸틴 러시아 대통령은 14년 전 폐지한 2개의 군관구(군사적인 지역을 관리하고 통제하기 위한 특별한 지구)를 부활시켰습니다. 나토가 전통적 중립국을 회원국으로 받아들이는 것에 러시아가 군사력 강화로 맞서면서 냉전 시절 군사 대결 구도가 더욱 선명해지고 있습니다.

토론하기

토론 길잡이

국제 정세가 우리나라에 어떤 영향을 끼치는지 알아보고, 세계 평화를 위한 다양한 국제적 협력 방안에 대해서도 생각해 봅시다.

생각을 깨우는 질문

Q 핀란드, 스웨덴이 중립국 지위를 포기하고 나토에 가입하는 것을 어떻게 봐야 할까?

Q 중립국 지위를 유지함으로써 얻게 되는 이익은 무엇일까?

Q 중립국들이 나토에 가입하는 것은 세계 평화 유지에 긍정적일까, 부정적일까?

Q 애초에 군사 동맹, 다국적 동맹이 탄생하게 된 배경은 무엇일까?

Q 군사 동맹이나 다국적 동맹에 속해 있지 않은 다른 나라들의 안보와 평화는 어떻게 유지될까?

Q 글로벌 동맹은 각 나라의 안보와 평화 유지를 위해 꼭 필요할까?

찬반 토론 주제

핀란드, 스웨덴의 나토 가입은 **얻는 게 더 많다** vs **잃는 게 더 많다**

다음 어휘를 활용하여 자신의 생각과 의견을 글로 표현해 보세요.

동맹 둘 이상의 개인이나 단체, 또는 국가가 서로의 이익이나 목적을 위해 동일하게 행동하기로 맹세하여 맺는 약속이나 조직체. 또는 그런 관계를 맺음.

침공(侵攻) 다른 나라를 침범하여 공격함

방위(防衛) 적의 공격이나 침략을 막아서 지킴.

나토의 확대는 세계 평화 유지에 어떤 영향을 끼칠까?

 중립국

국제 분쟁에 관여하지 않고 전쟁과 외교 면에서 그 어느 쪽의 편도 들지 않는 중립주의 노선을 추구하는 국가를 말합니다. 스스로 중립국이라고 선언한다고 해서 중립국이 되는 것은 아니고, 주변 국가들과 국제기구의 인정이 필요합니다. 전통적인 중립국으로는 스위스, 오스트리아, 리히텐슈타인, 아일랜드, 몰타, 스웨덴, 핀란드 등이 있었으나, 최근 핀란드와 스웨덴은 나토 가입으로 중립국의 지위를 상실했습니다.

지구에 양산을 씌우자

연계 교과

과학	지구와 우주	5~6학년	날씨와 기상 요소, 지구의 자전과 공전
	과학과 사회	3~4학년	기후 변화 사례, 기후 위기 대응
		3~6학년	일상생활에서 과학 기술 및 사회의 상호작용
사회	지속가능한 세계	3~4학년	우리가 사는 곳의 환경
		5~6학년	지구촌을 위협하는 문제

읽기 자료

- "양산 씌워 열 받은 지구 식히자"… 미(美) 과학자 우주 차양막 제시

2023년 8월 6일 자, 머니투데이

읽기 자료 해설

태양광 1.7% 차단하면 지구 기온 0.5도 낮아져

기후 변화로 지구 온난화가 심각해지면서 이를 해결하기 위해 미국 과학자들이 태양과 지구 사이에 차양막을 설치하는 아이디어를 내놓았습니다. 한마디로 지구에 양산을 씌우자는 겁니다. 미국 국립과학원의 연구에 따르면, 태양광을 1.7% 차단하면 지구의 평균 기온이 0.5~0.6도 낮아질 수 있다고 합니다.

이론일 뿐 실현 가능성은 작다?

그러나 이 아이디어는 현실적으로 어렵다는 결론에 이르렀습니다. 차양막이 태양풍에 파손되지 않는 동시에 지구나 태양의 중력에 이끌려 가지 않기 위해선 무려 수백만 톤(t)의 무게가 필요하기 때문입니다.

이 문제에 대해 하와이 대학교 소속 우주 과학자인 이스트반 사푸디 교수는 가벼운 물질과 균형추를 활용하여 해결할 수 있다고 주장합니다. 그의 말에 따르면 우주에서 포획한 소행성을 균형추로 사용할 경우 차양막 제조에 필요한 자원은 전체 무게의 1%인 3만 5,000톤 정도면 충분하다는 겁니다. 사푸디 교수는 "만약 이 디자인이 실현된다면 수십 년 안에 기후 위기를 완화할 수 있을 것"이라고 덧붙였습니다. 그러나 차양막 설치 아이디어는 여전히 실현 가능성이 낮은 상태입니다. 과거에도 비슷한 제안이 있었으나 구체적인 실현 방안이 없어 아이디어 차원에서 멈춰 있다고 합니다.

토론하기

토론 길잡이

과학 기술로 지구 온난화를 막기 위한 '지구 공학' 연구가 꾸준히 이루어지고 있는 가운데 차양막 아이디어처럼 인간이 자연에 직접 개입하는 방식은 어떤 결과를 낳을지 이야기해 봅시다.

생각을 깨우는 질문

Q 지구 온난화를 막기 위한 다른 방법과 비교하여 차양막 아이디어는 어떤 장단점이 있을까?

Q 차양막은 지구 생태계에 어떤 영향을 끼칠까? 부작용은 없을까?

Q 과학 기술로 지구 온난화를 막는 '지구 공학'은 어디까지 발전할까?

Q 과학 기술의 발전으로 인한 환경 오염과 기후 위기는 어느 정도일까?

Q 기후 위기 문제를 기술에만 의존하고, 인간은 아무런 노력도 하지 않는다면 어떻게 될까?

찬반 토론 주제

인간이 자연에 직접 개입해 기후 위기를 해결하는 것은 **효과적이다 vs 위험하다**

다음 어휘를 활용하여 자신의 생각과 의견을 글로 표현해 보세요.

차양막 햇볕을 가리거나 비를 막기 위해 설치하는 막.

실현 가능성, 꿈, 기대 등을 실제로 이룰 수 있는 성질이나 정도.

심각한 기후 위기를 첨단 과학 기술로 해결할 수 있을까?

 지구 공학

공학 기술을 이용해 지구의 기온이 상승하는 것을 막으려는 과학 기술 분야입니다. 지구 공학은 심각해지는 지구 온난화를 해결할 방법을 제시하는데요. 크게 두 가지 방법이 있습니다. 첫 번째는 태양광 관리입니다. 태양에서 오는 일부 열과 빛을 우주로 반사해 지구가 덜 더워지도록 돕는 방법입니다. 두 번째는 탄소 제거 방법인데요. 공기 중의 탄소를 흡수하거나 저장하여 이산화탄소를 줄이는 방법입니다. 이러한 지구 공학 기술은 여전히 연구 중이며, 실제 환경에 어떠한 영향을 끼칠지 알 수 없어 우려의 시선도 있습니다.

미래 식량으로 떠오른 '쇠고기 쌀'

연계 교과

과학	과학과 사회	3~6학년	일상생활에서 과학 기술 및 사회의 상호작용
사회	지속가능한 세계	3~4학년	우리가 사는 곳의 환경
		5~6학년	지구촌을 위협하는 문제
실과	지속가능한 기술과 융합	5~6학년	미래생활과 연관된 농업활동, 지속가능한 농업의 순환성과 중요성

읽기 자료

● 한(韓), 세계 최초 '쇠고기 쌀' 개발… "모든 영양 다 해결"   2024년 2월 15일 자, 동아일보

읽기 자료 해설

맛도 영양도 쇠고기와 같아

최근 국내 연구진이 맛도 영양도 쇠고기 같은 '쇠고기 쌀'을 개발했습니다. 이 소식이 알려지자 세계 3대 학술지 중 하나인 〈네이처〉는 "밥만 먹으면 모든 것을 해결할 수 있다는 아이디어가 돋보인다"라고 평가했습니다. 쌀에 소의 줄기세포를 배양해 단백질과 지방 함유량을 높인 쇠고기 쌀은 밥 위에 쇠고기가 올라간 '쇠고기 초밥'과 유사한 형태라고 합니다.

'컵밥' 형태로 개발해 군대, 우주 식량으로 활용

지금까지 다양한 배양육 기술이 개발되었지만, 쌀을 지지체로 개발된 배양육은 '쇠고기 쌀'이 세계 최초입니다. 일반 쌀과 비교했을 때 100g당 단백질이 9%, 지방은 7% 더 많다고 합니다. 가격도 일반 쌀과 비슷한 수준으로 추후 상업화 및 대량 생산도 가능할 것으로 전망됩니다. 연구진은 '쇠고기 쌀'로 먼저 반려동물 식품을 개발하고, 뒤이어서 '컵밥' 형태로 만들어 군대, 우주 식량으로 활용할 계획이라고 밝혔습니다.

배양육 판매 허가를 둘러싼 찬반 의견

현재 배양육 판매를 허용한 나라는 싱가포르와 미국, 이스라엘 정도입니다. 2020년에 싱가포르, 2023년에 미국이 각각 닭고기 배양육 판매를 승인했습니다. 2024년 들어 이스라엘이 쇠고기 배양육 판매를 허가했고요. 반면에 배양육 판매를 금지한 나라도 있습니다.

2023년 11월 이탈리아는 배양육의 생산과 판매, 수입과 수출을 모두 금지하는 법안을 통과시켰습니다. 이를 두고 전통 농가가 입을 경제적 타격을 고려해 지지하는 이들도 있는가 하면, 온실가스를 줄여 기후 변화를 막으려는 세계적 흐름에 역행한다며 강한 비판을 퍼붓는 사람들도 있습니다.

토론하기

토론 길잡이

'실험실 고기'라 불리는 배양육 산업은 기후 위기, 동물복지, 식량 부족 문제와 밀접하게 연관되어 있습니다. '쇠고기 쌀'처럼 지속가능한 먹거리에 대해 논의해 봅시다.

생각을 깨우는 질문

Q 일반 쌀과 비슷한 가격이라면 사람들은 '쇠고기 쌀'을 선택할까?

Q '쇠고기 쌀' 같은 혁신적인 개발은 식품 산업에 어떤 변화를 가져올까?

Q 인공 고기인 배양육은 어떤 장단점이 있을까?

Q 콩고기 등 식물성 대체육과 배양육은 어떻게 다를까?

Q 배양육이 대중화되면 동물복지, 환경과 식량 문제에 어떤 영향을 미칠까?

Q 배양육 생산은 기존 산업과 경제에 어떤 영향을 끼칠까?

찬반 토론 주제

배양육 판매 허가에 **찬성한다 vs 반대한다**

논술력 키우기

다음 어휘를 활용하여 자신의 생각과 의견을 글로 표현해 보세요.

배양육 소나 돼지의 줄기세포를 배양해 실험실에서 생산하는 고기.
승인 법률적으로 국가나 지방 자치 단체의 기관이 다른 기관이나 개인의 특정 행위에 대해 승낙함.
역행 일정한 방향이나 순서, 체계, 진행 등을 거슬러 행함.

자국의 음식 유산을 보호한다는 이유로 '배양육 판매 금지' 법안을 통과시킨 이탈리아의 결정에 대해 어떻게 생각해?

배양육

배양육은 소나 돼지의 줄기세포를 배양해 실험실에서 생산하는 고기로 동물 세포를 이용하기 때문에 '인공 고기'라고도 부릅니다. 배양육은 가축을 사육하는 과정에서 배출되는 온실가스를 줄일 수 있어 친환경적인 육류로 평가받는 데다가 전통적인 방식으로 가축을 도축하지 않아서 동물복지를 실현한다는 장점이 있어요. 한편 배양육 개발과 생산에 시간이 오래 걸리고 비용이 많이 든다는 점, 식용으로서 안정성이 확보되지 않았다는 점을 들어 배양육을 달가워하지 않는 시선도 있습니다.

AI 시대에 맞춰 바뀌는 선거 문화

연계 교과

사회	지속가능한 세계	3~6학년	인류 공동 문제에 대한 관심
	정치	3~6학년	미디어 콘텐츠의 비판적 분석
실과	지속가능한 기술과 융합	5~6학년	디지털 기술의 특징과 디지털 콘텐츠의 종류, 건전한 사이버 공간의 활용
	디지털 사회와 인공지능	5~6학년	생활 속 인공지능, 인공지능이 사회에 미치는 영향

읽기 자료

● AI 규제 목소리에 … AI기업, 미(美)대선까지 '정치적 이미지 생성 금지' 검토

2024년 2월 11일 자, 세계일보

읽기 자료 해설

미국 정치판을 흔드는 가짜 이미지들

기관총을 쏘는 조 바이든 대통령, 경찰에게 잡혀가는 도널드 트럼프 전 대통령. 모두 인공지능(AI)으로 만든 가짜 이미지입니다. 2024년 11월 미국 대통령 선거를 앞두고 AI가 만들어 낸 이미지가 시민들에게 큰 혼란을 주자 AI 기업들이 선거 때까지 AI 활용을 제한하는 방안을 검토 중입니다.

AI 이미지 생성 기업인 미드저니는 대선까지 이용자가 유력 후보와 관련한 정치

적 이미지를 생성하는 것을 금지하거나 제한하는 방안을 검토 중이며, AI 이미지 생성 기업 인플렉션 역시 자사 챗봇이 특정 후보를 지지하는 발언을 하는 것을 막겠다고 밝혔습니다. 챗GPT를 개발한 오픈AI도 자사 AI로 생성된 이미지에 출처를 구별할 수 있는 라벨을 붙이겠다고 발표했어요.

우리나라도 딥페이크 선거 운동 금지

이러한 AI 기업들의 움직임은 최근 딥페이크 등 AI 조작물에 대한 규제를 강화해야 한다는 목소리에 따른 것입니다. 실제로 2024년 1월 있었던 미국의 한 예비 선거에서는 가짜 바이든 대통령 목소리로 당원들에게 전화를 걸어 논란이 되었습니다. 이에 미국에서는 오디오 딥페이크를 전화 마케팅에 사용하는 것을 금지했습니다.

우리나라에서도 선거에 영향을 미칠 수 있는 AI 조작물 관리에 나섰습니다. 선거일 90일 전부터 딥페이크 기술을 활용한 선거 운동을 금지하는 공직선거법 개정안이 국회 본회의를 통과했는데요. 영상과 음성 복제를 통해 특정 후보에게 불리한 행위를 하는 것을 예방하기 위해서라고 합니다.

토론하기

토론 길잡이

AI로 조작한 이미지, 오디오, 영상 등으로 입을 수 있는 피해와 그 예방법을 생각해 보고, 건강한 AI의 활용을 위해 전 세계적으로 어떻게 협력하면 좋을지 논의해 봅시다.

생각을 깨우는 질문

Q AI로 만든 이미지와 영상을 규제하는 것은 표현의 자유를 침해하는 것일까?

Q 선거나 정치에 AI 생성물이 사용되면 어떤 결과를 초래할까?

Q AI 생성물에 대한 규제는 어디까지가 적절할까?

Q AI 생성 이미지와 영상을 제한하는 것은 기술 발전에 어떤 영향을 미칠까?

Q AI 기술 확산에 따라 미디어 콘텐츠를 대하는 우리의 자세는 어떻게 달라져야 할까?

Q AI 규제를 위한 국제적인 협력이 필요할까?

찬반 토론 주제

부작용을 고려할 때 AI 기술의 발전을 **제한해야 한다** vs **제한할 필요가 없다**

논술력 키우기

다음 어휘를 활용하여 자신의 생각과 의견을 글로 표현해 보세요.

조작   어떤 일을 사실인 듯이 꾸며 만듦.
딥페이크   '딥러닝(Deep learning)'과 '가짜(Fake)'의 합성으로, AI 기술을 통해 만들어 낸 가짜 사진, 동영상, 음성 콘텐츠 등을 말함.

AI 기술이 가져올 '위험성'에는 어떤 것들이 있으며, 예방법은 무엇일까?

 AI 윤리 전쟁과 블레츨리 선언

'AI 윤리'란 인공지능을 개발하고 운영하고 사용하는 데 있어 개발자와 소비자 모두에게 요구되는 윤리의식을 말합니다. AI의 급속한 개발이 인류에게 해가 될 수 있다고 우려하는 입장과 더욱 공격적인 기술 개발을 해야 한다는 입장이 전면 충돌하면서 'AI 윤리 전쟁'의 막이 올랐습니다.

한편 2023년 11월 1일, 영국 블레츨리 파크에서 제1회 AI 안전 정상회의(AI Safety summit)가 열렸는데요. 미국, 중국, 한국, 영국 등 28개국과 유럽연합(EU)이 모여 AI가 초래할지도 모르는 심각한 피해를 막기 위해 국가 간 협력을 다짐하는 '블레츨리 선언'을 발표했습니다. 제2차 AI 안전 정상회의는 2024년 5월에 우리나라에서 개최됩니다.

개미를 입맛에 따라 골라 먹는다?

연계 교과

사회	사회·문화	5~6학년	지구촌의 문제, 지속가능한 미래
도덕	자연과의 관계	3~4학년	자연과의 공생
		5~6학년	지속가능한 삶
실과	생활 환경과 지속가능한 선택	5~6학년	식재료의 생산과 선택, 음식의 마련과 섭취

읽기 자료

- 고기 맛 개미, 고소한 빵 맛 개미 한번 드셔보세요   2024년 3월 18일 자, 서울신문
- 식용 곤충, 우리의 미래 먹거리일까?   2024년 3월 24일 자, YTN 뉴스

읽기 자료 해설

맛과 향이 다른 식용 개미

미국 샌디에이고 주립대 연구팀이 식용 개미
4종의 맛과 향을 분석하는 데 성공했습니다.
연구 대상이 된 개미는 치카타나 개미, 일반
검은 개미, 가시개미, 베짜기 개미인데요. 연구
결과 일반 검은 개미는 메탄산이 많아 식초 냄

새가 나고, 치카타나 개미는 견과류나 나무 향이 나는 것으로 나타났습니다. 베짜기 개미는 캐러멜 향과 함께 풀이나 소변 냄새도 감지되었습니다. 연구팀은 종에 따라 개미의 맛과 향이 모두 달라서 다양하게 조리해 먹으면 풍미와 식감을 더할 수 있다고 말했습니다. 단, 갑각류나 조개류에 알레르기가 있는 경우 섭취할 때 주의해야 한다는 경고를 덧붙였습니다.

식용 곤충은 미래 식량 자원

식용 곤충은 단백질과 불포화 지방산 함량이 높고 칼슘 같은 무기질도 많아 영양학적으로 우수한 데다가 전통 축산업보다 온실가스 배출량도 적어 여러모로 장점이 많은 먹거리입니다. 그러나 대량 사육 시스템 구축과 소비자의 거부감은 아직 해결해야 할 과제로 남아 있습니다. 최근 식량 위기와 환경 문제를 해결할 방안으로 식용 곤충이 주목받고 있는 가운데 유엔식량농업기구(FAO)는 식용 곤충을 미래 식량 자원으로 지정했는데요. 이는 식용 곤충이 글로벌 식량 안보와 지속가능한 발전에 기여할 수 있다는 잠재력을 인정받고 있다는 증거입니다.

우리나라 식용 곤충 산업은?

우리나라도 정부 주도하에 식용 곤충 산업의 지속적인 발전을 위해 노력하고 있습니다. 다양한 프로그램을 통해 곤충이 깨끗하고 안전한 먹거리라는 것을 알리고 과자나 젤리, 음료 형태의 가공식품을 만들어 식용 곤충에 대한 거부감을 줄이기 위한 노력을 꾸준히 이어나가고 있어요. 국내 곤충 산업이 매년 성장세를 보이는 가운데 식용 곤충의 기능성 연구, 심리 치유나 반려동물 영양제로 활용하는 방안도 모색 중이라고 합니다.

토론하기

토론 길잡이

식용 곤충이 환경적, 경제적, 영양학적으로 어떤 장점이 있는지 생각해 보고, 미래 식량으로 대중화될 수 있을지 이야기해 봅시다. 나아가 식용 곤충이 먹거리를 넘어 지속가능한 미래와 어떻게 연결되는지 논의해 봅시다.

생각을 깨우는 질문

Q 식용 곤충은 미래 식량이 될 수 있을까?

Q 많은 나라가 식용 곤충 산업을 육성하기 위해 노력하는 까닭은 무엇일까?

Q 식용 곤충은 다른 식품과 비교했을 때 어떤 장단점이 있을까?

Q 식용 곤충을 소비하는 것은 환경에 어떤 영향을 줄 수 있을까?

Q 식량 부족 문제를 해결하는 데 식용 곤충이 얼마나 기여할 수 있을까?

Q 식용 곤충을 소비하는 것은 동물복지 관점에서 괜찮은 것일까?

찬반 토론 주제

식용 곤충의 대중화는 **어렵다** vs **어렵지 않다**

다음 어휘를 활용하여 자신의 생각과 의견을 글로 표현해 보세요.

풍미   음식의 고상한 맛.

거부감   어떤 것을 꺼리거나 받아들이고 싶지 않은 느낌.

가공식품   농산물, 축산물, 수산물 따위를 인공적으로 처리하여 만든 식품.

학교 급식으로 식용 곤충 음식이 나오면 어떨까?

유전자 변형 품종으로
바나나 멸종을 막아라!

연계 교과

사회	지속가능한 세계	3~4학년	우리가 사는 곳의 환경
		5~6학년	지구촌을 위협하는 문제
도덕	자연과의 관계	3~4학년	인간과 자연의 공존
		5~6학년	환경 위기 극복, 지속가능한 삶
과학	과학과 사회	3~4학년	질병과 예방

읽기 자료

● 바나나 멸종 막을 유전자 품종, 호주서 세계 최초 허가   2024년 2월 19일 자, 조선일보

읽기 자료 해설

바나나가 멸종될 수 있다고?

호주 정부가 유전자 변형 바나나인 'QCAV-4'를 식용으로 허가했습니다. 곰팡이병 TR4로 인해 전 세계 바나나가 멸종할 위기에 처한 데 따른 조치입니다. TR4는 바나나 나무의 영양분을 고갈시켜 죽게 하는 곰팡이병으로 현재 뚜렷한 치료법이나 치료제가 없습니다.

캐번디시 바나나에 곰팡이병 저항 유전자를 주입한 'QCAV-4'는 호주 퀸즐랜드

대학교에서 개발한 품종인데요. 제임스 데일 석좌교수는 25년의 연구 끝에 지난 2017년, 야생 바나나에서 찾은 유전자를 캐번디시 바나나에 주입한 결과 3년 동안 TR4 곰팡이를 이겨냈다고 발표했습니다.

바나나 멸종 위기, 처음이 아니라고?

1950년대에 곰팡이병 TR1이 전 세계로 퍼지는 바람에 가장 많이 팔리던 그로미셸 품종이 퇴출당한 적이 있습니다. 그 뒤로 캐번디시 품종의 바나나가 시장을 장악해왔는데요. 1989년 대만에서 발병한 TR4가 전 세계로 퍼지면서 바나나가 우리 식탁에서 영원히 사라질지도 모른다는 위기감이 번졌습니다.

유전자 변형 바나나인 'QCAV-4'는 동남아시아에서 자생하는 야생 바나나에서 발견한 TR4 면역 유전자를 캐번디시 품종에 주입한 것입니다. 이 면역 유전자는 이미 캐번디시 바나나에 존재하지만, 그 기능이 작동하지 않기 때문에 '작동하는 버전'을 넣었다는 게 데일 교수의 설명입니다. 최근에는 유전자 변형 농산물(GMO)에 대한 소비자들의 반감을 고려하여 유전자 가위를 쓰는 방법으로 곰팡이 면역력을 부여하고 있다고 합니다.

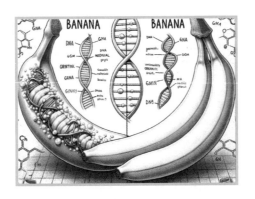

토론하기

토론 길잡이

유전자 변형과 유전자 편집에 대해 알아보고, 이러한 생명공학 기술이 인류에 어떤 영향을 끼칠지 생각해 봅시다.

생각을 깨우는 질문

Q 유전자 변형 바나나에 대해 어떻게 생각해?

Q 유전자 변형 기술의 장단점은 무엇일까?

Q 유전자 변형 농산물(GMO)의 안전성은 어떻게 검증할 수 있을까?

Q 유전자 변형 식품을 둘러싼 윤리적 논란은 무엇일까?

Q 유전자 변형 식품에 대한 소비자의 알 권리는 왜 중요하고, 어떻게 보장될 수 있을까?

Q 사람들이 유전자 가위를 통한 유전자 편집을 유전자 변형보다 안전하다고 생각하는 이유가 무엇일까?

Q 유전자 가위는 어떤 장단점이 있을까?

찬반 토론 주제

유전자 변형 농산물이 인류에게 끼치는 영향은 **긍정적이다** vs **부정적이다**

논술력 키우기

멸종 생물의 한 종류가 아주 없어짐.

고갈 물자나 자금 등이 매우 귀해져 부족해지거나 없어짐.

품종 농업에서 형질 및 특성이 같고, 유전 형질의 조성이 같은 개체의 집단.

유전자 변형과 유전자 편집 같은 과학 기술은 인류에게 어떤 영향을 끼칠까?

유전자 변형 농산물과 유전자 가위

유전자 변형 농산물(GMO, Genetically Modified Organism)은 특정 작물에 없는 유전자를 인위적으로 주입하여 변형시킨 농산물, 또는 이를 원료로 제조·가공한 식품을 말합니다. 1995년 미국 몬산토사가 유전자 변형 콩을 상품화하며 사람들에게 알려지기 시작했습니다.

'유전자 가위'는 DNA의 특정 부위를 잘라내고, 유전자의 삭제, 삽입, 혹은 교체 등을 통해 원하는 변화를 일으킬 수 있는 편집 기술을 말합니다. 유전병 치료, 생물학적 연구의 가속화, 농업에서의 특성 개선 등 광범위한 분야에 활용되며 특정 유전자의 기능을 조사하거나 유전적 결함을 수정하는 데도 사용됩니다. 특히 3세대 기술인 크리스퍼-카스9(CRISPR-Cas9)은 기존 기술보다 더 간편하고 저렴하며 정교한 기술로 주목받고 있습니다.

초보 입문자를 위한 한 줄 토론
30일 챌린지

예비 초등생부터 초등 고학년까지
하루 10분 대화로 시작하는 일상 속 토론 습관 들이기!

Day 1

사사건건 의견이 다른 사람과 친구가 될 수 있다 vs 될 수 없다?

세상 모든 사람이 똑같은 의견을 가지고 있다면 어떻게 될까요? 다른 의견이 필요한 이유와 다양한 생각과 의견을 존중해야 하는 이유를 이야기해 봅시다.

Day 2

어떤 사람이 학급(학교)의 리더가 되어야 할까?

훌륭한 리더는 어떤 사람일까요? 좋은 리더의 조건을 생각해 보고, 그 기준에 비추었을 때 '나'는 리더로서 적합한지 이야기해 봅시다.

Day 3

진짜 친한 친구 딱 한 명이 좋을까 vs 적당히 사이좋은 친구 여러 명이 좋을까?

어떤 친구가 되고 싶나요? 친구 관계가 우리 삶에 어떤 영향을 주는지 이야기해 봅시다.

Day 4

좋은 습관을 만드는 것 vs 나쁜 습관을 고치는 것, 어떤 게 더 어려울까?

습관은 왜 중요할까요? 어떻게 하면 나쁜 습관은 버리고 좋은 습관을 만들 수 있는지 이야기해 봅시다.

Day 5

이야기는 책으로 읽는 게 좋을까 vs 영화로 보는 게 좋을까?

문자와 영상의 차이는 무엇일까요? 각 매체의 특성과 장단점을 찾아보고, 어떤 것이 더 효과적일지 이야기해 봅니다.

Day 6

외계인은 있을까 vs 없을까?

외계인은 존재할까요? 드넓은 우주에 다른 생명체가 있다면 어떤 모습일지 상상하면서 자유롭게 이야기를 나눠 봅시다.

Day 7

좋은 말 vs 나쁜 말, 어떤 게 더 힘이 셀까?

말은 어떤 힘을 가졌을까요? 좋은 말과 나쁜 말의 영향력과 말이 가진 힘, 즉 말의 중요성에 대해 이야기해 봅니다.

Day 8

과거 vs 미래, 시간 여행을 한다면 어디로 가고 싶어?

가장 돌아가고 싶은 과거의 순간은 언제인가요? 가장 궁금한 미래는요? 과학적으로 시간 여행이 실현되기 어려운 이유를 찾아보고, 현재의 소중함을 깨닫는 기회로 삼아보세요.

Day 9

왜 학교에 가야 할까?

학교는 공부만 하는 곳일까요? 학교의 의미와 가치에 대해 생각해 보고, 학교가 '나'의 삶과 사회에 어떤 역할을 하는지 이야기해 봅시다.

Day 10

일 년 내내 같은 계절인 나라 vs 계절 변화가 심한 나라, 어떤 곳이 더 좋을까?

계절의 변화는 우리 생활에 어떤 영향을 주나요? 계절의 변화가 큰 나라와 그렇지 않은 나라의 장단점을 찾아보고, '나'는 어떤 곳에 살고 싶은지 이야기해 봅시다.

언니 또는 형은 항상 동생에게 양보해야 할까?

동생이니까 언니(형)가 무조건 양보해야 할까요? 각자의 입장에서 생각해 보고, 가족 간에 양보와 배려가 필요한 이유를 이야기해 봅시다.

거짓말은 절대 하면 안 되는 것일까?

거짓말은 무조건 나쁜 것일까요? 거짓말이 필요한 때는 없을까요? 나쁜 거짓말과 착한 거짓말을 어떻게 구분할 수 있는지, 의도가 선하다면 거짓말을 해도 괜찮은지 이야기해 봅시다.

돈과 성공은 어떤 관계가 있을까?

돈으로 살 수 없는 것은 무엇일까요? 돈을 어떻게 써야 가치 있을까요? 돈 그 자체가 인생의 목표나 목적이 될 수 있을지 이야기해 봅시다.

아이디어가 좋은 사람 vs 실천력이 좋은 사람, 누가 더 나을까?

두 가지 타입의 장단점은 무엇일까요? 아이디어의 가치와 실행의 가치, 그리고 둘 사이의 균형과 조화에 대해 이야기해 봅시다.

Day 15

어린이는 왜 투표권이 없을까?

민주주의 사회에서 투표는 어떤 의미가 있을까요? 투표가 가능할 정도의 판단력과 경험이 쌓인 나이는 몇 살일지 이야기해 봅시다.

Day 16

과정 vs 결과, 무엇이 더 중요할까?

'나'는 과정을 중시하는 타입일까요, 결과를 중시하는 타입일까요? 과정을 중시했을 때와 결과를 중시했을 때의 장단점을 따져 보고, 둘 사이에는 어떤 연관성이 있는지 이야기해 봅시다.

Day 17

인간 vs AI, 누가 더 토론을 잘할까?

인간과 AI가 토론 대결을 펼친다면 누가 승리할까요? 인간과 AI는 토론 활동에 있어 각각 어떤 강점과 약점이 있는지 이야기해 봅시다.

Day 18

냉철한 성향 vs 감성적 성향, 누가 더 의사라는 직업에 적합할까?

다소 차갑지만 이성적이고 논리적인 의사 vs 환자의 마음을 따뜻하게 어루만져주는 의사, 둘 중에 어떤 타입이 의사라는 직업에 적합할까요? 의사를 예로 들어 특정 직업에 더 알맞은 성향이 있을지 이야기해 봅시다.

Day 19

타고난 재능 vs 후천적 노력, 무엇이 더 중요할까?

재능이 뛰어나지만 노력하지 않는 사람, 재능은 없지만 노력하는 사람. 둘 중에 최후의 승자는 누구일까요? 특정 분야에 있어 재능의 영향이 더 큰지, 노력의 영향이 더 큰지 이야기해 봅시다.

Day 20

실패는 '성공의 어머니'일까?

실패는 그저 실패일 뿐일까요, 성공을 위한 과정일까요? 실패를 통해 무엇을 얻을 수 있는지 이야기해 봅시다.

Day 21

5년 전의 '나'와 지금의 '나'는 같은 '나'일까, 다른 '나'일까?

사람은 변할까요, 그대로일까요? 시간이 흐르면서 달라지는 '나'와 달라지지 않는 '나'를 생각해 보고, 시간이 지나도 변하지 않는 것들에 대해 이야기해 봅시다.

Day 22

인터넷이 없는 시대로 돌아간다면 어떨까?

인터넷이 없는 삶은 어떤 모습일까요? 인터넷이 세상을 어떻게 바꾸어 놓았는지 생각해 보고, 인터넷이 없는 세상과 지금의 세상을 비교하여 어떤 장단점이 있는지 이야기해 봅니다.

Day 23

잘하는 일 vs 좋아하는 일, 어떤 것을 직업으로 삼는 게 좋을까?

직업을 고를 때 능력을 우선하는 게 좋을까요? 아니면 흥미를 우선하는 게 좋을까요? 둘 다 만족할 수 없다면 직업을 선택할 때 어떤 것을 먼저 고려하면 좋을지 이야기해 봅니다.

Day 24

경쟁은 다 나쁜 것일까?

경쟁의 시대에 사는 우리, 모든 경쟁이 다 나쁘기만 할까요? 나쁜 경쟁과 착한 경쟁의 차이를 알아보고, 선의의 경쟁이 우리에게 어떤 영향을 주는지 이야기해 봅시다.

Day 25

선물의 가격과 가치는 비례할까?

비싼 선물이면 다 좋은 선물일까요? '마음과 정성'이 중요하다고 말하지만 정말 그럴까요? 선물의 가치를 결정하는 것은 무엇인지 이야기해 봅시다.

Day 26

현재의 즐거움 vs 미래의 행복, 무엇이 더 중요할까?

현재의 즐거움을 추구하는 것이 더 중요할까요? 아니면 미래의 행복을 위해 참는 것이 더 가치 있을까요? 둘 중에 더 중요하다고 생각하는 것과 그 이유를 설명하고, 어떻게 하면 둘 사이에서 적절한 균형을 잡을 수 있을지 이야기해 봅시다.

'위인'은 어떤 사람들을 말하는 것일까?

어떤 사람들을 '위인'이라고 말할 수 있을까요? 후세에도 이름이 전해질 정도로 뛰어난 업적을 남겨야만 위인일까요? 모든 면에서 도덕적이거나 본받을 점이 있는 사람인지 생각해 보고, 이름 없는 위인은 어떤 사람들인지 이야기해 봅시다.

어떤 문제를 결정할 때 다수결의 원칙이 최선의 방법일까?

민주주의의 원칙인 '다수결'은 늘 옳은 결과로 이어질까요? 소수의 의견이 더 좋다면 어떻게 해야 할까요? 어떤 게 더 합리적인 방법일지 이야기해 봅시다.

인간은 모두 태어날 때부터 평등할까?

우리는 모두 평등하다고 말할 수 있을까요? 평등의 개념을 알아보고 진정한 평등이란 무엇인지, 어떻게 하면 평등의 가치를 실현할 수 있을지 이야기해 봅시다.

세상이 발전하는 과정에서 생기는 환경 파괴는 어쩔 수 없는 일일까?

기술 발전으로 인한 환경 오염은 어쩔 수 없는 일일까요? 기술 발전이 먼저인지 환경 보호가 먼저인지 생각해보고, 둘 사이의 균형을 이룰 방법은 없는지 이야기해 봅니다.

한 권으로 끝내는 초등 교과 토론
Copyrights for text © 박진영 Copyrights for editing & design © ㈜도서출판 한울림

글쓴이 박진영
펴낸이 곽미순 | 편집 박미화 | 디자인 김민서

펴낸곳 | ㈜도서출판 한울림
편집 | 윤소라 이은파 박미화
디자인 | 김민서 이순영
마케팅 | 공태훈 윤도경
경영지원 | 김영석
출판등록 | 1980년 2월 14일(제2021-000318호)
주소 | 서울특별시 마포구 희우정로16길 21

대표전화 | 02-2635-1400
팩스 | 02-2635-1415
블로그 | blog.naver.com/hanulimkids
페이스북 | www.facebook.com/hanulim
인스타그램 | www.instagram.com/hanulimkids

첫판 1쇄 펴낸날 2024년 5월 16일
ISBN 978-89-5827-149-9   13590